The Experts' Guide to 100 Things Everyone Should Know How to Do

專家指南

100件 人人都該會的事

作者　莎曼莎・尹杜斯（Samantha Ettus）

翻譯　莊勝雄

太雅生活館

專家指南

100件 人人都該會的事

目錄

前言

1-18 晨間生活

19-37 工作生活

38-54 家庭生活

55-77 週末生活

78-100 美好生活

專家指南

100件人人都該會的事

前言

我們每天都有一點點自欺欺人。我們會說大話（但請不要要求我們把話講清楚）；我們也會縫縫釦子（但不要把衣服翻過來檢查）；我們還會作作帳（但請不要把支票軋進銀行）。

面對現實吧。雖然我們可以照常過生活（經常就是如此），把不懂的事情隱瞞起來，會做的，則大肆宣傳，但如果我們能夠學會這些基本的日常工作，生活將會更美好，不是嗎？我們就不用再笨手笨腳，不用避重就輕，也不必捏造數字。

多年來，我已經累積了一張似乎永無止盡的清單——在成長過程中一直未曾學會的一大堆技巧。我把這稱之爲我的「個人知識溝」。雖然我認爲，智慧會隨著年齡增長，但我的個人知識溝似乎並未縮小。事實上，我不知道的事物清單，似乎反而愈來愈長，因爲我發現，要學的東西實在太多。在和朋友們分享這份清單後，我發現，不是只有我個人如此。我最好的一位朋友心虛地承認，她完全不知道該怎麼燙好一件襯衫；另一位則坦承，他一直在尋求如何把鬍子刮得很乾淨的方法。

有這麼多事物需要知道，我終於了解，我們一輩子全都需要一份「必須知道答案的問題」清單，我開始著手建立這樣的一份清單，並把這份清單限定爲100個項目，同時尋找最專業的專家來回答這些問題。這就是《專家指南——100件人人都該會的事》（The Experts' Guide to 100 Things Everyone Should Know How to Do）這本書的由來。

替本書撰文的人選，都是千辛萬苦挑選出來，他們全是本行裡專家中的專家。找尋這樣的專家人選是一大挑戰，但也極其有趣。霍華·史帝芬·伯格當然知道自己是全世界閱讀速度最快的人，但貝姬與凱斯·迪雷——全世界最出名的六胞胎父母——可能永遠都不會自認他們是換尿布速度最快的人。雖然我們很多人都向蘇西·歐曼請教如何理財，但我們可能不知道，正確的剷雪方法，其實是在水牛城市長的腦子裡。

這種希望解決生活小問題的願望，已經成爲一種遊戲，驅使我不斷去追求答案。某天晚上，下班走路回家途中，我覺得全身冰冷，很想知道有哪些法子可以保持身體暖和。但要向誰請教呢？吉姆·惠塔克，登上聖母峰的第一位美國人，絕對知道答案。回到家裡，男朋友抱怨，我慣壞了他那頭本來很乖的狗狗漢克，於是我向寵物專家請教，結果找到兩位，安德莉亞·亞登與華倫·艾克斯坦。既然名廚吉恩·喬吉斯·范格里奇登可以教我炒蛋的最佳方法，那我何必委曲，吃自己炒得亂七八糟的失敗炒蛋？如何在享用完美炒蛋的同時，又可以學會如何閱讀報紙？亞瑟·沙茲柏格二世、《紐約時報》發行人，教我如何瀏覽報紙的版面；狄恩·歐尼許博士教我如何放鬆心情；知名談話性節目主持人賴利·金則教我如何聆聽別人說話。既然整理專家茱莉·莫金斯頓能夠教我節省空間的方法，那我何必把家裡弄得亂七八糟？當我老是趕不及在下班後回家與家人共進晚餐時，我就向商業管理大師史蒂芬·柯維請教如何善用時間。

在我收集這些需要專家指導的事物學習清單過程中，這些事物很自然地就自成一類，反映出我們生活的結構。

- **晨間生活：從整理床舖到開車上班。**
- **工作生活：從握手到公開演講。**
- **家庭生活：從支票簿收支平衡到讀故事給小孩子聽。**
- **週末生活：從放輕鬆到主持家庭晚宴。**
- **美好生活：從追求對象到籌備婚禮。**

即使你尚未準備舉行婚禮，但你卻隨時都可以準備進行一些比較可以處理的活動——在家裡辦一場晚宴，也許吧？以我來說，這本書已經給了我信心，讓我終於可以辦一場很像樣的晚宴。安德魯．懷爾史東的教誨，確保我端上桌的酒杯裡永遠不會留有軟木塞瓶蓋的殘渣；派姬．波斯特終於解除了我對奶油刀的焦慮；南．坎普納也對如何當一名優雅有禮的宴會主人，提出很專業性的建議。

所以，我現在邀請你成為這趟旅程的客人。我知道，你將會在本書中找到把事情做得更好的新方法。但我也希望，你會發現在某些方面，你已經是專家了。在找出本書中的100位專家後，我也找出了自己擅長的領域。所以，請各位繼續讀下去，磨練你的各種技巧，如果我還未找你來當專家，請寫封信給我吧。

Morning Life

晨間生活

001 睡覺

詹姆斯・馬斯 JAMES B. MAAS

詹姆斯・馬斯，哲學博士，史帝芬・懷斯理事會會士，康乃爾大學心理學系教授和前系主任。美國心理學會傑出研究獎得主，《睡眠大全》（Power Sleep）作者。

把睡眠當作生活必需，而非豪華享受，這是一個人能夠發揮最佳工作效率的祕訣。如果睡不好，白天就會心情沮喪、壓力增加，老是覺得昏昏欲睡，情緒不安，同時體重也會增加，對疾病和細菌感染的抵抗力降低，生產力、注意力和記憶力相對減少。即使只是輕微的睡眠不足，也會嚴重影響健康和壽命。

要如何知道自己是否睡眠充足？請回答以下問題：

- 我是否需要鬧鐘在正確時間把我吵醒？
- 我是否經常在無聊的會議中、或是在大吃一頓後的溫暖房間裡、或是在看電視時睡著？
- 我是否經常上床後5分鐘內就睡著？
- 我是否經常在週末早晨睡懶覺？
- 我是否在白天時覺得很累？

如果你對其中一任何個問題的回答是「是的」，那你很可能需要更多睡眠。

睡眠的黃金律

❶獲得充足睡眠

找出需要多少小時的睡眠，才能讓你整天保持完全清醒，並且可以每晚獲得這麼多的睡眠。對大部分成年人來說，要睡足8個小時；若是青少年，則要睡足9小時又15分鐘。

❷建立規律的睡眠時間

每晚同一時間上床，每天早上同一時間起床（不要借助鬧鐘）——包括週末。

❸連續睡眠

若想借助睡眠來恢復體力，就需要一次不間斷地睡足需要的睡眠時間。下午2點之後抽菸或喝咖啡，或是在上床前3小時內喝酒，都會打斷你的睡眠。

❹補足不夠的睡眠

每清醒2個小時，就會在你的睡眠債務銀行戶頭裡增加1小時的債——也就是說，需要8小時的睡眠，才能恢復16小時清醒活動所消耗的體力。你不能以在週末多睡來補充一個星期內失去的大量睡眠，就如同不能爲了想要補充一個星期來未能完成的規律運動和暴飲暴食，而在週末拚命運動和節食。想要補充不足的睡眠，也許可以考慮來個強力午睡：中午小睡一下，但不超過20分鐘。

睡眠策略

❶臥室保持安靜、陰暗、清涼

改良式的彈簧床是比較理想的床，藉由一個個獨立的透氣纖維袋子，內裝大小一致的彈簧，排列整齊、袋袋不相連結。因此，當甲彈簧受到壓力時，隔壁的乙彈簧並不會受到影響，所以，若是兩個人共睡一張床，其中一人翻動身體時，並不會影響到另一個人。

床墊要有與個人體型相配的鐵圈，這可以減少床的震動；或者，選用海綿床墊，可以適度支撐你的背部。另外，選用高品質羽毛枕頭。

❷盡量減少壓力

即使你已經很想睡了，焦慮還是會讓你睡不著。試著想法子讓自己輕鬆下來。睡覺前來個「憂心時間」，把你擔心的事情全寫下來，如此一來，你擔心的事情就不會妨礙睡眠的開始，也不會在晚上睡到一半時讓你驚醒。睡前2個小時內不要看電視或上網，上床前洗個熱水澡、讀些有趣的書，然後關燈，也有助於入眠。

生活品質的最佳指標，就是睡眠。

【床鋪有四個角，一定要一個一個耐心塞整齊】

002 鋪床

崔西．韓德森 TRACEY R. HENDERSON

崔西．韓德森是假日旅館2003年的總管家，
目前擔任維吉尼亞州諾福克假日旅館總管家。

所需物品：

1塊保潔墊
1條毛毯
1條下床單
2個枕頭套
1條上床單
1條床罩

首先，把保潔墊鋪在彈簧床墊上，從床頭蓋到床尾。接著，取出下床單，緊緊包住保潔墊。再把上床單鋪在床上，反面向上。接著，以同樣方法鋪上毯子。站在床尾處，把上床單和毯子塞進床墊下（從中間開始，然後向著兩個角落前進）。接下來，抓起床尾一邊垂下的床單，把它向上拉直鋪到床上，形成三角形（圖1）。把床單垂下的部分塞到床墊下（圖2）。把三角褶拉向床墊（圖3），把它塞到床墊下，要塞得很整齊。繞到

【床舖有四個角，一定要一個一個耐心塞整齊】

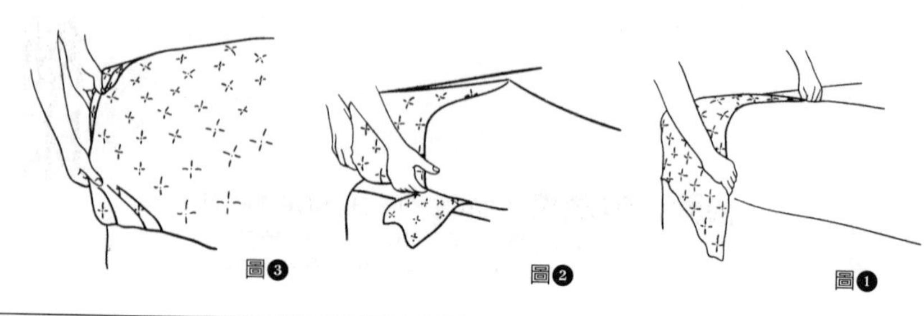
圖❶　圖❷　圖❸

床的另一邊，也如法進行。

繞到床頭，把毯子和上床單向下摺4吋（約1公分），兩邊塞好。接著，把床罩舖在床上，確定四邊都很平均，如此床罩四邊才不會碰到地上。在床頭，把床罩反摺到離床頭約3呎半（約1公尺）。

這時候要處理枕頭了。把枕頭塞進枕頭套。把枕頭套開口兩邊向內褶，讓兩邊看來像是沒有開口。把枕頭併肩排好，把先前反摺的床罩翻過來，蓋住枕頭。一定要把枕頭完全蓋住，才會看起來很整齊——這是舖床的最後一步。接著，後退一步，欣賞你的傑作。向別人展現一下你的工作成果，讓他們拍拍你的背，表示稱讚。

【持續的肌肉控制力是關鍵】

003 伏地挺身和仰臥起坐

凱西．史密斯 KATHY SMITH

凱西•史密斯是《自我》（Self）雜誌編輯，曾被「全國健身領袖協會」和「總統健身委員會」評選為「美國健身領袖」。她也是「影視名人堂」會員。著作很多，包括《凱西．史密斯舉重減肥法》（Kathy Smith's Lift Weights to Lose Weight）。

伏地挺身

事實上，你的手臂本來就知道如何做伏地挺身，但怎樣才能做得正確，卻是你必須去教導你的整個身體的。完美的伏地挺身，關鍵就是成一直線。身體應該形成一條堅硬的直線——如同一塊木板——然後，上下移動，不能彎曲，也不能下沉。要做好伏地挺身，不能太注意手臂的動作，而得多注意全身肌肉的穩定。

以下是一些初步動作，可以幫助你集中注意你的身體直線，以及培養出身體的警覺性，提醒自己做出最正確的伏地挺身。

❶ 站在離牆約2到3呎（60至90公尺）處，兩腳打開，與肩同寬。（如果站在鏡子旁，可以幫助你判斷自己是否站得很直。）

❷ 手掌貼住牆，高度略低於肩高，手指朝下。

❸ 收縮四頭肌，提起膝蓋骨。放鬆和收縮，連續5次，感受此一動作。

❹ 收縮內臀肌，好像企圖讓兩腳併攏。同樣的，放鬆、收縮，連續5次。

❺收縮臀部肌肉。收縮和放鬆，5次。

❻拉長你的身軀：挺胸，小腹向脊柱靠。連做5次。

❼兩肩向下拉，離開耳朵，兩個肩胛骨向後背中央靠，好像你正企圖用它們夾住一根鉛筆。同樣的，連做5次。

❽接著，按順序收縮這些部位——四頭肌、內臀肌、臀肌、胃、胸和肩胛——並保持所有部位的收縮。緊緊保持這些肌肉的緊縮，讓你的身體維持一條直線，手肘彎曲，身體靠近牆壁。記住這種穩定與直線的感覺。

對著牆壁做伏地挺身，目的只是在於練習。等到你已經學會如何使身體保持直線，那麼，你就可以把手放在一張穩固的桌面或柵欄上——最後，則是在地板上。

最常見的兩項錯誤就是，腹部和鼻子下沉，但屁股則在半空。想要避免這些，只需在整個過程中保持良好的站立姿勢即可。頭應該在中立位置，和脊椎的其餘部分保持一直線。爲了幫助你做到這一點，可以望著前方5吋（約12公分）遠的一個點。爲了避免受到頭部的誤導，把一個小枕頭放在胸下，讓它成爲你身體下沉時接觸到的第一個點。

一直到確定自己已經做出最正確的姿勢後，再重複練習。

完美仰臥起坐

以往的仰臥起坐並不能有效改善腹部肌肉，更糟的是，還會把不必要

【持續的肌肉控制力是關鍵】

的壓力加諸於下脊椎。幸運的是，傳統的仰臥起坐已經改良過，現在更安全、更有效。這種改良式的仰臥起坐主要針對腹直肌，就是腹部四層肌肉的最上層。只要你持續訓練，常做有氧舞蹈、也注意飲食，仰臥起坐將是建立起令人羨慕身材的好法子。以下是仰臥起坐的做法：

❶ 仰臥，抬起膝蓋，直到腳底平貼在地上。兩腳分開，與臀部同寬，並距離脊椎下方約2呎（約60公分）。

❷ 兩手伸到腦後合抱。

❸ 很緩慢地抬起你的肩膀和上背，離地約30度。上半身彎曲，好像你正打算讓你的下巴碰到肚臍。

❹ 在你的肩膀向前傾的同時，讓你的骨盆微微向上抬起，想像你的尾椎和肋骨正在靠近。

❺ 整個過程中，讓你的腿、臂和頸部保持輕鬆。

❻ 維持大約1秒，然後放鬆。

❼ 重複15次。當你開始覺得仰臥起坐做起來很輕鬆時，可以增加挑戰度，在你的胸前或腦後加上啞鈴。

我必須聲明，由於仰臥起坐是好的獨立運動，所以，你不應只從事這一項下腹部運動。在進行仰臥起坐的同時，還應該搭配一些主要的運動，像是瑜珈，可以讓你在鍛鍊性感小腹或六塊肌的同時，還能增加一些好處，包括姿態更美好、外形更苗條、舉止更優雅、運動表現更佳。

004 慢跑

葛瑞蒂・懷茲 GRETE WAITZ

葛瑞蒂・懷茲，九度贏得紐約馬拉松大賽冠軍，五度奪得世界越野冠軍。她曾經保有3000公尺、10公里長跑和馬拉松的世界紀錄。她曾在1984年奧運會上獲得一面銀牌。

裝備

❶參加1哩（約1公里）長的慢跑時，每隻腳將在地面踩踏上大約1000次，這是相當大量的撞擊。如果沒有穿對鞋子，將會受傷。你在5或10年前的那雙運動鞋已經不能穿了。找一家專業的慢跑鞋店，那裡的店員受過專業訓練，可以根據你的需要，建議你如何買到一雙最適合的慢跑鞋。如果在某家店裡找不到讓你穿了感到舒適的鞋子，那就不要買。鞋子不會「越穿越舒服」。

❷夏天的正確慢跑裝是一件T恤或運動衫，一件短褲。這些布料一定要輕且透氣。這可以讓你在大熱天裡保持清涼。天冷時，就要穿長袖T恤、緊身衣或運動長褲，防風運動夾克。還有，也許戴頂帽子和較輕的手套。

計畫

最重要的是，一開始就要擬定一套適合你的健身程度及生活形態的計

【從找一個跑步的伴侶開始】

畫。很多人必須先以步行的方式健身，然後才會開始想到慢跑。這就是爲什麼健行和慢跑是極佳運動的原因，因爲它們都很容易根據你的需要來進行調整。

開始前的一些建議：採取可以使你的計畫實現的必要行動。一週抽出3天來跑步。找一個朋友同行，找出一天當中最合適的時間，以及最合適的心態——有助於你一路跑下去的任何事情都行。

健行／跑步期間，你們應該一直保持交談——如果不這樣，你們很可能會進行得太快，而必須放慢腳步。

技巧

❶跑步時，肩膀向後，兩手兩臂放輕鬆。手肘彎向腰部，兩手輕鬆握拳。讓手臂隨著身體的節奏自然擺動。

❷兩腳和膝蓋保持面向前方，而不是向著兩側。採取「從腳跟到腳趾」的技巧：腳跟落地，然後腳部向前滾動到腳趾，再離地。

❸注意步伐。不要太大或太小。如果太大或太小，會覺得很不舒服，很可能會使自己受傷。

❹經由嘴巴和鼻子輕鬆呼吸。身體保持鬆弛和流暢。隨著慢跑次數的增加，跑步方式自然會變得更流暢。

❺注意山坡。下坡跑步時，不要向後傾。身體保持在平地跑步時的相同角

度。跑步上山時自然會縮短你的步伐，所以要專注使用手臂來幫助你加大步伐。

❻如果你決定先在跑步機上練習慢跑，一定要設定1.5%的傾斜度。這樣比較接近一般路面狀況，讓你的練習效果更佳。可能的話，在跑步機前面擺上一面鏡子，可以一面跑步，一面觀察自己的姿勢。

❼試著在柔軟的路面跑步，像是泥地或草地。跟一般的水泥路面比起來，這種路面對你腿部和關節的衝擊較溫和。

❽經常改變跑步路線。避免不斷在同一路線跑步，或是不斷在某個田徑場的同一跑道或同一方向跑步。變化壓力和衝擊程度，有助於你避免受到傷害，同時還會增加健身效果。試著在不同地形上跑步——小山坡和平地都可以。

❾跑步前要暖身，跑完後記得冷靜下來。跑步前和跑完後再走上幾百碼，就可以達到這兩種效果。

005 吃出健康

嬌伊・鮑兒 JOY BAUER

嬌伊・鮑兒，知名營養專家，被《紐約雜誌》選為紐約最佳營養師。她的著作有《90/10減重計畫》（The 90/10 Weight Loss Plan）、《懶人營養完全指南》（The Complete Idiot's Guide to Total Nutrition），以及《幸福烹調》（Cooking with Joy）。

聰明吃法的10大策略

❶ 猛吃蔬菜

蔬菜含有大量維他命、礦物質、植物性化學成分（Phytochemical，這是可以對抗疾病的植物物質）和纖維，這些都能夠增進養分、降低膽固醇，而且還能穩定血糖度。同時，蔬菜的熱量也很低！每天至少吃3次蔬菜，如果是煮熟的，每次吃半杯的量；如果生吃，就吃1杯的量。

❷ 每天吃兩次水果

跟蔬菜一樣，水果也含有大量植物性化學成分、纖維、維他命和礦物質。水果的水與纖維成分極高，可以填滿你的胃，減少存放高脂肪和高熱量食物的空間。試著吃完整的水果，不要喝果汁；果汁的熱量較高。

❸選擇全穀食物

如果你習慣吃貝果、甜燕麥和白米，考慮一下，不要攝取太多澱粉。這些精製穀類食物提供的營養很少。相反的，全穀食物含有大量纖維，可以讓你的飽足感維持更久，一整天下來，你會變得吃更少。這種全穀食物像是糙米、燕麥、粗麥粉、全麥麵包和麵團。

❹攝取低脂蛋白質

我們體重每磅（約0.45公斤）就需要約0.5克的蛋白質。盡量攝取無脂肪的蛋白質，像是去皮雞肉、火雞胸、魚、扁豆與青豆、豆腐和天貝（Tempeh，印尼發酵黃豆食品）、瘦紅肉、蛋白和低脂牛奶。

❺拒絕壞脂肪

各種食物中，最會提高血液中「壞」膽固醇的，莫過於飽和脂肪。減少攝取紅肉、全脂牛奶和用不好的油烹調的食物。每天的攝取量不要超過15克。

反型脂肪（Trans-fat）也會提高「壞」膽固醇，因此也會增加罹患心臟病的危險。減少攝取這種脂肪，避免接觸條狀植物油、植物性糕餅鬆軟油，以及用「部分氫化」蔬菜油調製的食品，像是多種市售餅乾、點心與蛋糕。

❻ 多多攝取好脂肪

不是所有脂肪都不好。不飽和脂肪有助於降低血液中的「壞」膽固醇含量，但同時卻又不會降低「好」膽固醇含量。這種脂肪的好來源包括了橄欖油、芥花油、果仁和酪梨。在各種脂肪當中，Omega-3脂肪也是超級巨星。Omega-3脂肪的最佳來源是鮭魚、鮪魚、沙丁魚、條紋鱸魚、鱒魚、鯖魚和鯡魚。每週吃1次或2次這些種類的魚。還有，Omega-3脂肪的植物來源包括亞麻仁和胡桃仁——把它們撒在酸乳酪、穀類食品和沙拉上。

❼ 補充纖維

纖維有兩種，全都有助於增進你的健康。

不溶性纖維有助於消化與健康，能夠預防便祕、窒室炎和痔瘡。這種纖維存在於麥麩、全穀類食品、麥片、種籽和多種水果與蔬菜。水溶性纖維可以預防血糖含量劇烈起伏，因此可以延長體力的消耗，減少糖尿病發生的機率，並且有助於減少膽固醇含量。它的來源包括，燕麥、豆類、大麥、蘋果、柑橘類水果、甘薯。在增加纖維攝取量的同時，你必須增加水的攝取量。纖維攝取過多會造成腹脹和其他腹部不適症狀——纖維攝取量過多（通常每天超過50克就算過量）會造成重要維他命和礦物質的吸收減少。

❽向糖說不

不幸的是，除了提供我們體力和甜蜜的滿足感外，糖還對我們的身體做出很多不好的事情：

- 它會讓我們變胖：糖什麼都不是，只是空空的熱量，很少會讓我們產生飽足感，只會使我們大吃大喝。
- 它會讓我們覺得很累：我們吃下過量的糖分後，會暫時覺得精力充沛，但接著，我們的身體產生胰島素，我們馬上就會覺得很疲累。

❾避免液體熱量（低脂和脫脂乳類，以及豆醬）

如果你一天喝2杯加糖咖啡、1杯橘子汁、2罐可樂、以及1瓶白酒，那你等於一天當中光是從這些軟性飲料裡，就攝取了627單位的熱量！放棄高熱量飲料吧，如此一來，你每6天就可以減掉1磅（約0.45公斤）的體重。

❿創造平衡！

採取「90/10」飲食計畫——90%爲了健康，10%只是爲了好吃。只要你下定決心，大部分時間裡都要吃得很健康，那麼，每項計畫裡都還會有讓你吃得愉快的空間。

【奶油是濃郁的秘密武器】

006 炒蛋

吉恩·喬吉斯·馮格里奇登

JEAN-GEORGES VONGERICHTEN

吉恩·喬吉斯·馮格里奇登，是餐廳主廚，也是老闆，擁有15家餐廳，分別在紐約、拉斯維加斯、香港、芝加哥、休士頓、巴黎、巴哈馬和上海。他得過4次詹姆斯•畢爾德獎，著有3本烹飪書籍，包括《從簡單到豪華：如何把基本菜色變成豪華大餐》（Simple to Spectacular: How to Take One Basic Recipe to Four Levels of Sophistication）。

10分鐘，1個燉鍋、1個攪拌器、少許奶油、幾個蛋——想要做出完美的炒蛋，這些就是你需要的全部東西。這個食譜是兩人份的，但你可以加倍。如果你只有不沾鍋，那就把攪拌器換成木湯匙，效果同樣好。

把5個蛋、1匙半奶油、鹽和胡椒全加進鍋內，試試味道。把火開到中大，開始用攪拌器打蛋，不停地攪動，但不要太快，否則會起泡沫。

奶油溶解後，蛋汁會開始變得濃稠，接著形成小塊的凝乳。這大約會花上3到8分鐘，看鍋子的厚度和爐火大小而定。如果蛋汁開始沾在鍋底，那就暫時把鍋子從爐子上拿起來1分鐘，並且繼續攪拌。接著，再把它放回爐上。當蛋汁變得濃稠、且鍋內都是小小的凝乳塊時——燕麥粥差不多——那就大功告成了。馬上把它端上桌，以免炒過頭了。必要的話，再加點鹽和胡椒。用湯匙吃。

這是最基本的烹調法，雖然簡單，但口味極佳，你還可發揮想像力，在這些炒蛋上加點其他調味料（乳酪、番茄、香草、巧克力粉……），或甚至魚子醬。

祝你擁有好胃口！

007 煮咖啡

莎西兒·胡丹 CECILE HUDON

莎西兒·胡丹是星巴克咖啡公司的資深咖啡教育專家。
星巴克是全球知名的咖啡銷售和烘焙專業公司。

想要煮出一杯好咖啡，關鍵在於要先選用高品質咖啡豆。咖啡樹生長在地球的赤道地區，介於南北迴歸線之間。生產咖啡豆的國家很多，各有其獨特的風味，全都不盡相同。土壤、溫度、高度、氣候和周遭植物，都是影響咖啡味道的自然因素。挑選了喜歡的咖啡豆後——不管是清新、有朝氣的拉丁美洲咖啡豆，還是芬芳、順口的印尼咖啡豆，或是滋味濃郁、充滿異國風味的非洲咖啡豆——現在該是煮咖啡的時候了。四大基本注意事項是：比例、研磨、水和鮮度。

比例

想要煮出一杯很有風味的咖啡，比例要拿得準：2湯匙研磨咖啡，配6盎斯（170毫升）水。這樣的比例可以萃取出咖啡的最佳風味，不會因爲過度萃取而溶進不好的味道。這套比例適用於絕大多數的咖啡煮法。唯一例外是義大利濃縮咖啡（Espresso）。煮義大利濃縮咖啡時，咖啡粉的量要多一點，比例相對提高，建議7克咖啡粉對1盎斯（30毫升）水，如此才能煮出最好的濃縮咖啡。

研磨

咖啡豆的研磨度應該配合你的煮法。決定研磨度的，是水與咖啡接觸的時間長短。義大利濃縮咖啡是快速萃取法，因爲咖啡粉和水的接觸時間只有幾秒，所以，它的咖啡豆要磨得很細。如果是用濾壓式咖啡壺煮咖啡，水和咖啡要混和4分鐘或更久，因此，咖啡要磨得粗一點。

濾紙的形狀會影響水流過咖啡的速度，也就是會決定萃取度。自動滴落式咖啡器採用平底濾紙，所以，使用的咖啡粉要磨得比濾壓式咖啡壺稍細。使用錐形濾紙的咖啡粉，比平底濾紙要更細。

水

一杯咖啡中，水就佔了98％，所以一杯好滋味的咖啡一定要使用好滋味的水。如果你使用的水味道不佳，煮出來的咖啡也不會有好風味。

選用清涼的過濾水，水溫要近沸點，在華氏195度到205度之間。不管是哪種咖啡煮法，水溫都相當重要。如果水溫不夠，咖啡油就無法被萃取出來，它的滋味也就會流失。購買滴落式咖啡器時，一定要確定它能夠把水加熱到所建議的溫度範圍內。如果水溫太熱，咖啡的好滋味將會被破壞。

鮮度

煮咖啡的態度，要好像製造咖啡豆一樣，要定下賞味期限。咖啡包拆封一週內，就要全部喝完。剛烘焙好的新鮮咖啡接觸到空氣、光線、熱氣和濕氣，它的風味就會開始退化。想要獲得最好的滋味，最好買完整的咖啡豆，然後按照自己的需要研磨。還有，咖啡豆磨好後，暴露的面積加大，風味流失的速度也更快。

一次只購買你一週內可喝完的分量。儲存時，把咖啡保存在陰涼、黑暗處，像是廚房的廚櫃裡。不要把咖啡放進冰箱或冷凍櫃。在這樣的環境裡，咖啡會吸收濕氣。如果你發現有些咖啡無法在2週內喝完，並且想保存到以後再喝，冷凍櫃可以延長未開封咖啡豆的賞味期限約2個月，如果是咖啡粉，則可以延長1個月。

咖啡是全球風行的飲料，種類繁多。它會展開你一天的生活，用完餐後會想來上一杯，而且全世界各地都有人喝它，從奧地利咖啡館到衣索匹亞的咖啡節慶，從日本的咖啡販賣機到你自己家裡或附近的咖啡屋都有。一次喝上一杯，就可以讓你享受好滋味的咖啡世界。

008 讀報

亞瑟‧沙茲柏格二世 ARTHUR SULZBERGER JR.

亞瑟‧沙茲柏格二世，《紐約時報》公司董事長及發行人。

整體來說，一份報紙可以提供全世界的新聞，外加一些評論、內幕分析和娛樂。我這篇文章的目的是要幫助你節省時間，但更重要的是，讓你和你的報紙培養出沒有罪惡感的關係。以下會教你如何建立起自己的一套系統，用來從報紙中取得你所需要的——同時不會讓你產生懷疑和恐懼，不會再擔心自己看漏了某篇會替你帶來幸福、成就和正確判斷的文章。

這套多步驟、免除罪惡感的閱讀計畫，一開始就是要接受這項事實：你不需要從頭到尾依序把一份報紙讀完。唯一的問題是決定如何開始閱讀。跟游泳一樣，有人喜歡先把腳指頭放進水裡，因此，有人讀報喜歡先看標題。其他人則挑選一個自己喜歡的話題，然後一頭栽進新聞報導的大洋中。我的建議是，不管你採取那種閱報方式，只要選好，就堅定進行。

坦白說，我是採用傳統閱報方式，先從頭版的新聞報導讀起，接著，再瀏覽國內和國際新聞。鑒於目前的世界情勢，我很想知道，全體人類在昨天一天當中躲過了哪些大災難，以及在不久的將來，又可能會有什麼大災難發生。說實在的，知道了這些事件的訊息，會讓人感到害怕，但也有助於你決定是否要在這個週末穿上橡膠雨鞋、躲躲雨勢。

言論版是我的下一個目標。閱讀這個代表當代智慧之語的版面，一向是很有趣的。大部分報紙的編輯們都深信，他們全都擁有高深的專業知識，能夠評論太陽底下、或甚至太陽之外你想像得到的任何題目。

我也很喜歡閱讀讀者投書，看看他們對最新的新聞報導有什麼看法。他們的評論都很熱情，而且有見識。我的曾祖父，亞道夫·歐克斯（Adolph Ochs），首先創下刊出傳達各種不同意見的讀者投書傳統——在二十世紀之初，這是背離正常作法的激進創舉。

最後，我充分運用自由意志，從這個版跳到另一個版，隨意閱讀吸引我注意的任何文章。這很像是到了一家很大的超級市場，在一個又一個大型陳列架之間來來回回。首先你會找出一些必需品，接著，再憑自己的喜愛挑選貨品。但在閱讀報紙時，不管你的購物車裡裝進了多少東西，是不會再向你收取任何額外費用的。

接下來，讓我來談談那些對讀報懷有超級強制症罪惡感的讀者問題。由於現代數位化資料檔案庫已經愈來愈普遍，我對這些人的建議很簡單：把舊報紙丟掉吧，越快越好，最好拿去做資源回收。讓我們面對事實吧：既然你沒辦法在報紙出刊頭一、二天讀完那篇新聞報導，那你很可能再也不會去讀它了。

我希望，免除了你部分罪惡感後，將可以增強你的閱報經驗，並且幫助你，讓你的閱報時間——不管是2分鐘、或是2個小時——變得更有用，更有趣，也更好玩。

【水溫越低，頭髮會越閃亮】

009 洗髮

弗瑞德瑞克．費凱 FRÉDÉRIC FEKKAI

弗瑞德瑞克．費凱是舉世聞名的髮型師，有一系列自創品牌的豪華護髮與護膚產品。他開設三家髮廊，分別在比佛利山莊，棕櫚灘和紐約，並有一本著作《弗瑞德瑞克•費凱：髮型年代》(Frederic Fekkai: A Year of Style)。

一頭有型的好頭髮可以決定你一天的心情好壞。如果頭髮看來很不錯，就會提振你的精神，給你信心去面對任何挑戰。但是，頭髮就像皮膚一樣，也需要細心呵護，才能保持在良好狀態。一開始，得先進行護髮的最初基本步驟：洗髮和潤髮。

洗髮

如果每天洗髮的話，大部分人都可以展現出他們最好的外表。(例外的是頭髮特別濃密或鬈曲的人，他們有時候可以隔幾天洗髮和潤髮一次，其餘時間都可以不去管它們。)

經常發生的情況是，本來設計來滋潤你的頭髮的保養品，最後卻殘留在你的頭皮上，像漿糊那樣黏著不放。想獲得最好的洗髮效果，絕對不要把洗髮精直接倒在頭上。要先把洗髮精倒在手上，接著再弄到你的頭髮上。這可以讓你控制要使用多少分量的洗髮產品，以及要把它用在什麼部位。

【水溫越低，頭髮會越閃亮】

根據你的髮質，選用最正確的洗髮產品。選擇洗髮精之前，要先找出哪一種洗髮精最適合你的髮質需求：

- 乾燥或粗糙髮質，選用含有豐富濕潤劑配方的洗髮精。
- 受損或整燙過度的頭髮，使用蛋白質洗髮精。
- 頭髮稀疏或髮質纖細者，選用可以增加頭髮體積和滋潤髮根的洗髮精。
- 染色的頭髮，選用濕潤度最高的洗髮精，這可以清潔頭髮，並且增加頭髮光澤，但卻不會把所染的顏色洗掉。
- 大部分的人則應該選用會使他們的頭髮看來更爲濃密的洗髮精。

一週之內交換使用不同的洗髮精幾次，讓頭髮維持最健康的外表。例如，換掉本來用來處理你乾燥頭髮的洗髮精，換上新的洗髮精，用來強化你那頭染過顏色的頭髮色澤。有些洗髮精是特別針對某種顏色的頭髮。我也高度建議使用洗淨力特強的洗髮精，可以去除各種護髮產品在你頭上留下來的殘存物。

遵循以下這些重要步驟，才能讓你的洗髮精發揮最好效果：

❶ 先用水把頭髮弄濕，再倒上洗髮精。如果從髮尖到髮根未完全弄濕，洗髮精就無法透過髮間全部流出去，會造成一些糾結的髮團，上面還會殘

【水溫越低，頭髮會越閃亮】

留一些洗髮精，結果造成這些部分的頭髮失去光澤，甚至剝離。

❷使用洗髮精時，不要把洗髮精全倒在頭頂上。把少量洗髮精塗在額頭、頭頂、太陽穴、頭背。用一把寬齒梳梳頭，讓洗髮精平均分散於頭髮。

❸沖洗洗髮精（或潤絲精）時，先用溫水洗一遍，然後換上你能夠忍受的最冷的冷水。溫水可使髮根張開，冷水則會使髮根閤上。水溫越低，頭髮越能閃閃發光。

潤絲

大部分頭髮都需要經常潤絲，如同需要經常清洗。即使是很油膩的頭髮，如果不處理，到頭來也會變得乾燥和脆裂。潤絲精可以恢復頭髮的彈性，防止受損。它們也可以保護頭髮，不會受到梳子和吹風機的摧殘，也可阻擋來自太陽、空氣污染及寒冷等自然因素的破壞：

❶絕對不可把潤絲精倒在頭皮上，除非你的頭皮十分乾燥。

❷把潤絲精塗在耳下，或是短髮的髮尖。只有擁有可紮成馬尾的長髮，才可以直接塗上潤絲精。

❸避免把任何潤絲產品塗在髮根部位，因爲它會增加重量，把頭髮拉下，造成髮尖平坦。如果是短髮，把潤絲精集中使用在髮尖。把潤絲精平均梳到整個頭髮，但要確定從髮尖梳到髮根。這項動作可以避免斷裂。一面梳髮，一面用冷水清洗，這可以讓頭髮更加閃亮。

010 護膚

西德拉・蕭卡特 SIDRA SHAUKAT

西德拉・蕭卡特的著作有《自然美：皮膚與身體自然保養法》（Natural Beauty: The Natural Approach to Skin and Body Care）和《讓自己更年輕：防止老化與生病的科學良方》（Regenerate Yourself Younger: The Scientific Proof for Preventing Aging and Disease）。她是英國「iVillage」婦女網站的護膚專欄作家。

寵愛自己的肌膚！美麗、柔軟的皮膚是最佳的美麗資產，所以，要好好照顧。皮膚是一個多功能的重要器官，也是人體分布最廣的器官。決定皮膚狀況好壞有幾個因素，像是遺傳基因、年齡、飲食品質、壓力、荷爾蒙、陽光照射和香菸。

膚質

每人的皮膚狀況各自不同，而且還會經常因為季節、年齡、懷孕與壓力等其他因素而改變。

主要的膚質有以下幾種：

- 正常：你很幸運！這是最完美的膚質——柔軟、滑順、而且細緻。每天使用溫和的清潔劑，每天潤濕，每週使用一次面膜。
- 乾性：年齡越大，皮膚越乾、變得緊縮，水分減少，因此，充分補充水分，就成為必要的工作。讓皮膚避免接觸太冷或太熱的溫度。使用溫和、不含酒精的清潔劑，含有豐富水分的保濕乳液和晚霜。

【多喝水不會造成浮腫，反而可以減輕浮腫症狀】

- 敏感：這種皮膚很敏感，容易發紅、發炎，暴露在極冷、極熱氣溫或刺激性產品之下，皮膚就會產生不好的反應。敏感皮膚需要特別保養。使用不含香精、色澤、酒精或羊毛脂的化妝品。
- 油性：油性皮膚較厚，毛細孔較大，看來閃閃發亮，容易出現斑點。同時，由於壓力和荷爾蒙失調，產生的水分會增加，更會使情況惡化。避免太刺激性的乳液，改而選用酸鹼值平衡的清潔液和不含油質的保濕乳液。
- 混和型：這種膚質最普遍，臉上有著油膩的T字部位（T-zone，包括額頭、鼻子和下巴），兩頰和頸部則很乾燥。試著選用溫和清潔液和不含油質的保濕乳液。

所有膚質都可以使用眼霜或眼膠，要輕輕塗在敏感的眼睛部位；也可以使用護唇膏，以及日用防護霜和防曬油。每週使用一次合適的面膜。

護膚要訣

❶絕對要避免的

這包括：日曬、抽菸、不能持之以恆的減肥、咖啡因、糖分攝取過量，以及壓力。

【多喝水不會造成浮腫，反而可以減輕浮腫症狀】

❷健康的護膚飲食

先從內在保養你的皮膚：

- 多喝水：每天喝8杯純水，將可補充皮膚水分，將毒素沖出你身體，增加皮膚的光澤，減輕皮膚的浮腫。
- 多吃蛋白質：老化、下沈的皮膚，是因爲皮膚細胞破裂造成的，除非補充適量的蛋白質，否則皮膚細胞不會自行修補。蛋白質會形成強壯、健康的膠原和新細胞壁。
- 必要脂肪酸（Essential fatty acids, EFAs）：這種脂肪酸可以讓你的皮膚柔軟、有彈性、有光澤，從內強化保濕效果，並且有助於修復皮膚的天然保濕層。EFAs可在油質魚類中發現，像是鯖魚、鱒魚和鮭魚，另外也存在於一些非魚類來源，像是酪梨、種子和果仁。
- 減少攝取碳水化合物：如果你的飲食充滿精緻的碳水化合物，像是白麵包，以及含有防腐劑的速食食品，皮膚就會提早老化。皮膚裡的毒素含量太高，會造成皮膚浮腫、脫水和鬆弛。
- 多吃蔬菜：多吃顏色鮮艷的水果和蔬菜，將可強化你皮膚的新陳代謝和活力，減少發炎，保護DNA。

【多喝水不會造成浮腫，反而可以減輕浮腫症狀】

❸放鬆

肌內長期緊繃的部位，會出現皺紋。所以，要記得讓臉部任何緊繃的肌肉放鬆。

❹保濕潤膚

使用保濕乳液或潤膚油，像是橄欖油或椰子油，來活化你的皮膚。保濕可使皮膚的結締體素變得強壯有彈性，防止下陷和產生皺紋。皮膚會釋放出自己的天然保濕物，形成皮膚的保護性「酸膜」。太強力的肥皂和潔膚產品會除掉這一重要的保護層，使皮膚容易受到感染。埃及艷后克麗歐佩特拉用驢乳沐浴，保住這保護層，使她的皮膚看來閃亮動人。

❺去角質換膚保養

每天進行去角質換膚保養，最好在晚上進行，除去死亡的皮膚表層，加速皮膚更新過程。

❻經常做SPA

做三溫暖和蒸氣浴可以去除毒素，加速皮膚更新。豪華按摩水療會增加血液循環與恢復皮膚活力。

011

刮鬍子

蜜莉安．曹伊和艾力克．馬卡

MYRIAM ZAOUI AND ERIC MALKA

蜜莉安．曹伊和艾力克．馬卡是《刮鬍子的藝術》（The Art of Shaving）一書的夫妻檔作者。他們還生產一系列的刮鬍子產品，也開設連鎖零售店，出售這些產品。

平均來說，男人一個星期大約刮鬍子5.32次——一輩子約21,000次。不幸的是，很多人卻養成不好的刮鬍子習慣，結果造成不愉快的結果，甚至割傷自己，造成一些傷口和疤痕。好消息是，一旦選了正確的工具和產品，接下來，學會正確的刮鬍技巧，就可以享受極其滑順、徹底、舒適的刮鬍經驗。

傳統的濕刮法，是從史前時代就有的，可以讓刮鬍子進行得很順利、刮得乾淨和舒服。濕刮法必須使用刮鬍膏或肥皂、刮鬍梳、水和一把刮鬍刀。濕刮法的基本原則不斷改進，但最重要的幾項原則就是：熱水、豐富的泡沫，以及實際的刮鬍技巧本身。

第一步　準備

- 一定要在洗完熱水澡後，或在洗澡期間刮鬍子，絕對不可在洗澡前。
- 刮鬍子前先塗上刮鬍膏，用來保護皮膚，以及讓鬍子變軟。

【刮鬍子一定要順著刮】

- 一定要使用熱水刮鬍子，熱水會軟化鬍子，打開毛細孔，清潔皮膚。

第二步　泡沫

- 使用含有甘油成分的刮鬍膏或刮鬍皂。避免使用含有氨基苯甲酸乙酯（Benzocaine）、或薄荷這類具有表面麻醉效果的刮鬍泡沫、刮鬍膠或其他產品，因爲它們會使毛細孔關閉，使鬍子變硬。
- 若要獲得最佳的刮鬍效果，請使用以獾毛製成的刮鬍梳。這種鬍梳會使鬍子變軟，並且使鬍子從臉孔上豎立起來，有助產生溫暖大量的泡沫。

第三步　刮鬍子

- 選一把乾淨、銳利的刮鬍刀，浸一下熱水。
- 首先，順著毛髮生長的方向刮鬍。如果從毛髮生成的反方向刮鬍子，可能會造成逆生毛，並且被刮鬍刀割傷。若想刮得更乾淨，第一次刮完鬍子後，再塗上泡沫，然後輕輕地再來回刮一遍。
- 看看你脖子上的毛髮是否和你臉上的鬍子長得同一方向。如果不是，那麼，你要根據不同的毛髮生長方向來調整刮鬍刀。
- 選用刀柄上加了適當重量的刮鬍刀，這種刮鬍刀可以提供正確的重量、平衡，更好操控，用起來也較順手。

避免對刮鬍刀施以太大的壓力，因爲這經常會造成刀傷和皮膚發炎。輕輕在臉上滑動刮鬍刀即可。

第四步　潤濕

- 刮完鬍子後，可塗上一些不含酒精、具有潤濕效果的鬍後水（Aftershave）或鬍後膏，可以讓皮膚得到滋潤、休息和濕潤。不要使用含有酒精的鬍後水，這會刺激皮膚，讓皮膚乾燥，產生逆生毛（Ingrown Hairs）。
- 萬一不幸被刮鬍刀割傷，造成小傷口，使用明礬或止血劑止血。

【要挑對適合嘴唇的基本色】

012 塗口紅

芭比．布朗 BOBBI BROWN

芭比．布朗是芭比．布朗化妝品公司的執行長，並且是《紐約時報》榜上有名的暢銷作家。

想要馬上讓一個人看起來神采煥發，塗上口紅是最快和最容易的方法。如果你是化妝生手，塗口紅也是練習化妝技巧的最佳方式。先找出未化妝時，看來跟你的臉色最搭配的基本顏色。對大多數女性來說，這種基本色彩就是每個人嘴唇的天然顏色加深三級的顏色。一旦選定這種日常基本色，你就可以嘗試各種不同顏色和質地的口紅，來搭配你的情緒及場合需要。以下是有關使用口紅的一些技巧，一旦學會了，就可以讓你化出最好的口紅妝。

- 先從乾淨、平滑的嘴唇開始。如果你的嘴唇乾裂，那就塗點眼藥膏上去，然後再用牙刷或毛巾把它們輕輕擦掉，如此就可以使嘴唇不那麼乾。
- 口紅的配方有很多種，透明度和色彩都各不相同。根據你的需求和風格，選擇最適合你的口紅。

霧面：這是最不透明，而且效果最長的。有些霧面口紅的配方容易

【要挑對適合嘴唇的基本色】

乾掉，所以，最好選用乳膏狀的半霧面口紅。

閃亮：這種口紅在顏色裡加進一些反光色素。選用薄而透明的產品，避免太過冷色的口紅。

淡色：透明色，絕對不會弄錯。化妝新手最好的選擇。

• 無色和薄透色口紅，可以直接擠壓軟管，將唇彩塗在唇上。先塗上嘴唇中間，續往兩邊。下唇重複相同步驟。最後，兩唇抿一抿，讓上下唇顏色混和。

• 深色或顏色鮮艷的口紅——尤其是霧面口紅，必須塗抹得很精確，因此，最好借助唇刷。唇刷的刷毛應該硬一點，但用來沾抹唇膏時，應該要能夠輕易彎曲。此外，選擇平坦、但略微傾斜的刷頭。

• 拿起唇刷，把口紅塗在上唇中央，再塗向兩邊。以短促的動作刷出薄薄的口紅，甚至要連刷好幾層。一定要遵循你的嘴唇的本來形狀刷。下唇重複相同步驟。如果你想塗厚一點，可以在上唇和下唇再塗上第二層口紅。

• 塗好口紅後，再用唇筆修飾，畫出明確的唇線，並且防止口紅顏色暈開。如果你的口紅是無色的，那也要選用無色唇筆，這可以和你天生的唇色混合起來。如果你的口紅是深色或鮮艷顏色，那就用色彩更深一點的唇筆。

• 劃唇線時，要先把唇筆的筆尖輕輕弄圓；握住唇筆時，稍微輕斜，

【要挑對適合嘴唇的基本色】

有點角度。順著嘴唇的天然形狀畫，筆觸要輕，不要有太強烈的角度。必要的話，使用唇刷來緩和邊緣的線條。

- 想讓口紅效果持久一點，先用唇筆畫唇，再塗口紅。
- 可以試試把各種不同色彩的口紅混在一起，創造出新的色彩。淡棕色的口紅可以淡化太過鮮艷的色彩。黑莓色口紅可以加深白天的色彩，把它變成很適合夜間的色彩。有時候，不想塗口紅，想要讓自己的臉孔看來素雅一點，那可以塗護唇膏，再用唇筆描一描。必要時，塗上很少量的口紅，就會有很好的效果。

013 洗手

茱莉．吉柏丁 JULIE GERBERDING

茱莉．吉柏丁博士，美國衛生與人類服務署疾病防治中心（CDC）主任。CDC被公認為是保護美國人民健康與安全的最主要聯邦機構。

在防止生病方面，你能夠做得到的其中一件重要的事，就是洗手。我們每個人都不斷地從其他來源那裡得到細菌，接著，當我們碰觸到我們的眼睛、鼻子或嘴巴時，就感染了自己。只要不斷清洗或清潔你的手，就可以消滅掉你從其他人、動物或受污染表面得來的細菌。要記住一件重要的事，除了感冒之外，一些相當嚴重的疾病，像是A型肝炎或腦膜炎，只要所有人都能養成洗手的習慣，就都能加以預防。

以下教你如何洗手：

❶把手弄濕。

❷塗上洗手乳或肥皂。

❸雙手用力揉搓，洗出泡沫，並且擦拭所有表面（包括指縫及指甲縫隙）。

❹繼續揉搓雙手20秒。必須得花上這麼長的時間，才能讓肥皂和揉搓動作溶解及去除頑固的細菌。需要計時器嗎？想像你連唱兩遍「祝你生日快

【指縫及指甲尖也要記得徹底揉搓】

樂」就行了。

5 打開水龍頭，在水流下沖洗雙手。

6 用紙巾或乾風機把雙手弄乾。

7 可能的話，用紙巾把水龍頭關掉。

如果找不到肥皂或水，可以考慮使用含酒精的洗手液清潔雙手。你應該經常洗手，次數可能會多過你現在的洗手次數，因爲你無法用肉眼看到細菌。以下的情況更需要洗手：

- 在你準備食物之前、期間及事後。
- 吃飯前。
- 上完廁所後。
- 在接觸動物或處理完動物的排泄物之後。
- 你本人或家裡某個人生病時。
- 當你的手弄髒時。

鼓勵周遭的人也要經常洗手。這將有助於你減低接觸細菌的機會。

014 擦鞋

薩爾・艾科諾 SAL IACONO

薩爾・艾科諾，綽號「鞋人」，開設「大陸修鞋店」，鞋店距紐約市政廳僅有幾步遠。他替多位市長擦過皮鞋，目前是彭博市長和多位華爾街精英的專屬擦鞋師。

擦皮鞋不需要天分，但首先要注意的是，必須要弄清楚，擦亮與擦乾淨是不同的。例如，要把白皮鞋擦亮是不可能的——不管是哪一種皮革。但是，卻可以用多種清潔劑或白色鞋膏把白皮鞋擦乾淨。

如果不小心刮傷了一雙白皮鞋，光把它擦亮是不夠的。必須用皮鞋專用的白色噴漆來填補那個刮痕。淡棕色或黃褐色皮鞋也不應該去擦亮。淡顏色皮鞋需要清潔，如果要修補被刮傷的顏色，就應該使用噴漆，鞋店裡都有賣。

處理黑色、褐色、中色或深色皮鞋時，技巧其實很簡單。先用普通的毛巾除去鞋上的灰塵。如果皮鞋邊緣有泥土，就用濕毛巾把泥土擦掉。

灰塵、泥土、泥漿清除完畢後，接下來就是清潔皮鞋，不過還不能擦亮。使用與皮鞋顏色相配的清潔劑（鞋油、鞋乳、鞋膏）。使用清潔劑時需使用擦鞋布，這種擦鞋布有大、中、小三種（如果擦鞋者的手掌只是一般大小，應該選用中型的擦鞋布。但如果擦鞋者的手掌很大，那就要使用大擦鞋布，對清潔皮鞋會有更好的效果。）柔軟的手毛巾可以用來當作擦

【白皮鞋永遠擦不亮，把它擦乾淨才是重點】

鞋布，或者，你可以到店裡去，選購特製的擦鞋專用布。塗好清潔劑後，用擦鞋布連續在皮鞋表面連續用力擦拭，讓清潔劑平均分散。這應該要花上2分鐘。

用馬毛刷刷掉清潔劑。在使用擦鞋布後，接著使用馬毛刷，就可以讓皮鞋閃閃發亮。但絕對不可以使用尼龍刷，因爲它會破壞皮革，而且永遠無法將皮鞋擦得很亮。

清潔皮鞋邊緣時，請使用專用的清潔產品。如果想把皮鞋擦得更亮，可以再上一遍鞋油，用同樣方法再擦一遍。

致於擦亮皮鞋，這是擦鞋的最後一個步驟，可以使用擦鞋布，但最好是使用圓形小刷，因爲這可以使擦亮工作變得更輕鬆，也不會弄髒你的手。它也可以讓你更能控制擦亮的力道，讓亮光更平均。

整體來說，要好好擦完一雙皮鞋，需要大約7到10分鐘。

015 打領結

塔克・卡森 TUCKER CARLSON

塔克・卡森是 CNN「火線」（Crossfire）節目聯合主持人，著有《政治家，黨人和寄生蟲：我在CNN新聞台的冒險生涯》（Politicians, Partisans and Parasites: My Adventures in Cable News）。從高中起，他就一直打領結。

以下是我打領結的一些心得：

❶ 買或去借一個領結。對新手來說，絲質領結比較容易上手，不過，棉質領結也可以。用粉筆或洗得掉的墨水在領結的一端寫上英文字母「A」，另一端寫「B」（別在借來的領結上，使用洗不掉的墨水）。

❷ 把領結掛在衣領上。把A蓋在B上。A的部分，也就是領結的前端，要比B部分長1吋（2.5公分）左右。

❸ 把B折一半，成爲一個結的形狀。用一手把它固定在胸前。

❹ 接下來就是關鍵步驟。伸出另一隻手，把A直接向下、穿過B，把B一分爲二。把握住B部分的那隻手姆指放在A的中間。把A的中間穿進B折成一半的後面穿過去。

【打上領結後，他人的評價自不可免】

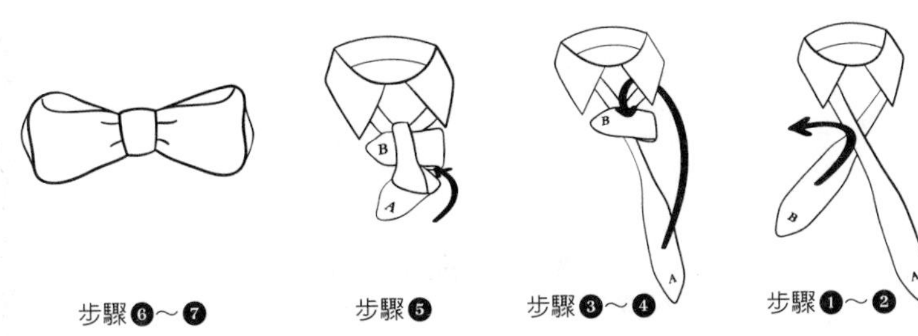

❺把相對的兩端拉在一起，拉緊、調整。這是整個過程中最主觀、最藝術化的階段。你也許會選擇寬鬆、懶散、「一大早就來杯白蘭地」的邱吉爾式風格，也或許是美國回教領袖法拉克罕的保鑣式一絲不苟風格，或是介於兩者之間的某種個人風格。就現實生活來說，兩者之間的折衷風格，可能是最好的。

❻對著鏡子欣賞自己的傑作。

❼思考一下，你是不是要這麼做。記住，當你打上領結後，人們將會對你做出評價。好消息是，當你打上領結時，你永遠不會犯下通姦的罪行，因爲不可能有這樣的機會。壞消息是，當你出現在機場時，陌生人會嘲笑你。這樣做値得嗎？只有你自己可以做出判斷。

016 雙活結領帶打法

崔・特南奇 THUY TRANTHI
「粉紅湯瑪斯北美公司」(Thomas Pink North America)總裁。

1930年代以一身優雅服飾著稱的溫莎公爵，帶動了雙活結式的「溫莎結」（Windsor knot）的領帶風潮，一直到目前爲止，這仍然是很受歡迎的領帶結打法。這種領帶打法，吸引人的是它的外形，比起一般常見的平結（Four in Hand）式打法來得更紮實、好看。這種打法透露出一種訊息，同時也散發出自信和風格。

溫莎式領帶打法的迷人之處在於對稱，這是因爲這種打法是採用寬領帶，而且兩邊各打一次活結。由於這種打法打出來的領帶結很厚，因此衣領應該是敞開式的，沒有領釦。

與用其他方法打領帶一樣，在打溫莎結之前，也應該做好準備工作。如果只是匆匆忙忙把領帶打完，將可能產生不幸的結果，而且，更重要的是，將無法好好耽溺在自我滿足的那一刻。

站在鏡子前打領帶，看看自己如何進行每一步的打法。鏡子可以讓你判定領帶的長度，以及領帶在衣領中的正確位置。一定要把襯衫的釦子全部扣上，包括衣領的扣子，並且先把領子豎起來，再把領帶掛在脖子上。

【想打好領帶一定要站在鏡子前】

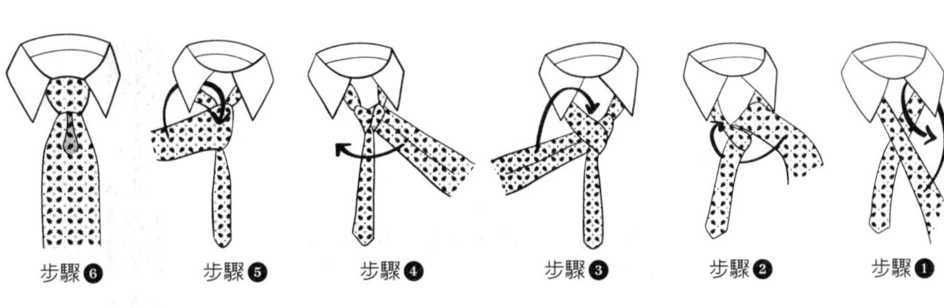

一般來說，領帶較寬的一端，垂下來的長度應該是較窄一端的兩倍。而且，由於較寬的那一部分是你最常用到的，所以，應該讓它落在你慣用的那隻手的那一邊，如此一來，會讓你更方便打領帶。

如何打出溫莎式的領帶結，以下是十個很簡單的步驟：

❶把領帶較寬的一端交叉放在左邊較窄的那一端的上面，把較寬的那一端從後面繞到前面，向上穿過頸圈。

❷把較寬那一部分往下拉，繞往右後方。

❸把寬邊部分向上繞到前面，並且穿過頸圈，如此就會形成一個活結，活結的後面會顯現出來，同時向左延伸。

❹把寬邊部分向右平伸，就在剛剛已經打好的活結前。

❺把寬邊部分從後向上繞過頸圈。

❻穿過剛剛形成的前面圓圈。

❼縮緊領結，並且向著領子部位往上推。

❽把領子放下來，蓋住領帶。

❾調整領帶結，讓它端正位於領子中央。

❿確定領帶的尾端下垂至腰帶。

接下來，後退一步，欣賞成果——或者，更妙的是，出門去，讓別人羨慕你的服飾風采。

017 繫上圍巾

妮可．米勒 NICOLE MILLER

妮可．米勒自己設計時裝，並擁有20家自有品牌的精品店。

圍巾有很多色彩、尺寸和形狀——有標準圍巾、口袋方巾、長方形圍巾。在任何場合，甚至是讓你措手不及的情況裡，這些圍巾都是很完美的配件。只要很簡單的幾個步驟，圍巾就可以把你從海灘帶到一家舞廳俱樂部。

❶ 長裙

想要展現腰部及長裙風情，就把你的圍巾對褶，可以是對半對摺（形成長方形），或是角對角對摺（形成三角形）；然後把它繫在腰部，兩端打結。

❷ 露肩

如果你已經準備好要展現你被太陽曬得很漂亮的黑肌膚（或是很可愛的日曬痕跡），那就把圍巾角對角對摺成三角形，在較長那頭的尾端打成一個結。把這個結從頭上套下去，把圍巾底部的兩端向兩邊分開，在前面或後面打結——現在，你已經穿上一件美麗的露肩裝，展現你美麗的肩膀。

❸頭套

每個人偶爾都會需要找個東西套在頭上，可能是爲了防止頭髮被弄亂，或是不想讓別人看到已經很亂的一頭亂髮。拿出正方形的圍巾，角對角對摺，摺成三角形，然後把長邊向對角摺去，成爲適合你頭部大小的尺寸。把這個三角形放在頭上（尖端指向背部），然後把兩端向頭背拉，在頭髮上或髮下打結。如果你剛好開一輛小小的敞篷車，不想讓風吹亂你的頭髮，可以用同樣的方法做成頭套，但先把兩端繞過頸部，在下巴下面打一個很緊的結。

當你不想被人認出，或是不想引人注意時，以同樣的方式把摺成小三角形的圍巾套在頭上，兩端在下巴下面打成一個鬆鬆的結，讓圍巾前緣微微遮住臉孔兩側。若再戴上一個不透明的大太陽眼鏡，遮掩的效果會更好；但必須事先警告你，如此一來，反而讓你顯得更神祕，因此更容易引起別人注意。但如果你完全不介意別人的眼光，那就把圍巾緊緊套在頭上，把三角形的三個角拉到你的馬尾後面打結，然後騎上你的哈雷機車，迎向夕陽駛去。

❹頸部

不管你繫的是方形或長方形圍巾，這兩種都可以用來做爲很成功的頸部裝飾，還有保暖效果。如果想要表現出巴黎風味，就使用方形圍巾。把它摺成三角形，接著把長邊向著短邊摺去，直到它變成像是一條繩子。然後，把它圍在你頸子上、在側邊打個別緻的結，再戴上一頂軟扁圓帽，接著大喊：「Bonjour, mes amis!」（大家好，我的好朋友們！）

長方形圍巾可以披在脖子上，兩端向後垂下，展現出優雅的傍晚風情。或者，把它對摺，將它披在頸後、兩端打結，在略有寒意的秋天裡，當作保暖的圍巾。

❺其他用途

圍巾也可以解決你的困難。如果你穿著無肩帶的晚禮服參加一場晚宴，而會場裡的冷氣太強，你雖然覺得自己的晚禮服很漂亮，但也因此而冷得發抖，這時，你可以把一條大圍巾摺成三角形，把它披在肩膀和手臂，既漂亮、又保暖。而如果突然有位男士向你邀舞，這時你可以把這條大圍巾披在身上，在前面打個結，當成是臨時長袍，這絕對比奧黛麗赫本在電影《第凡內早餐》裡穿上男士襯衫更具挑逗性。

祝你繫圍巾快樂。

018 開手排車

蒂娜．哥登 TINA GORDON

蒂娜．哥登是著名的「NASCAR」汽車大賽卡車賽組（Craftsman）的賽車手。

我清楚記得第一次開手排車的情形。當時我14歲，那是我大哥的小貨卡。他很擔心我會把他的卡車離合器搞壞了。但那麼小就學會駕駛手排車，對我後來的賽車生涯眞的很有幫助，因爲所有的賽車都是手排檔。以下是駕駛手排車的方法：

❶首先確定，你在車上坐得很舒服

你可能必須坐得比平常更靠近方向盤，因爲你等一下必須用左腳把離合器用力踩至車子底板。

❷不發動引擎，先練習一下

先練習一下，經由反覆練習，才能熟悉如何換檔。要踩下離合器，並且換檔，但不發動引擎。

❸ 先打一檔

用力把離合器踩至汽車底板，然後發動引擎。最困難的部分就是讓車子移動。稍微加點油給引擎，然後慢慢放開離合器、排進一檔。要有心理準備，因爲你可能會一連好幾次讓車子的引擎停火，而引來旁觀者哈哈大笑。千萬記住，大部分人開始練習駕駛手排車時，都會發生同樣的停火失誤。

❹ 練習發動車子和停車

成功了！車子果然向前移動，你覺得很棒。但在換另一檔之前，還是要多多練習發動車子和停車，讓你更爲熟練。停車時，放掉油門，同時踩下離合器。在左腳仍然踩著離合器時，右腳踩煞車。

❺ 從一檔向上換高速檔

想要打二檔，就不要加油，踩離合器、換檔。確定這時候不要加油，如此才不會讓引擎過度運轉。大部分車子都有引擎轉速表，所以你可以看到車子的RPM（每分鐘轉速）：以大部分車子來說，每分鐘轉數只要保持在2500到3000 RPM範圍，就很安全。

每當你加速約12到15哩（19到24公里）時，就可以換到下一檔。例如，在時速15哩（24公里）時，從一檔換到二檔；在時速達到30哩（約50

【練習，練習，再練習】

公里）時，就可以從二檔換到三檔，以此類推。開手排車幾次之後，就能越來越自然地在正確速度時換檔。

❻換低速檔停車

現在該停車了。停車必須先換到低速檔。駕駛手排車的樂趣之一，就是看到前面有轉彎或坡道時，開始向下換檔。換低速檔和換高速檔一樣：放開油門、踩下離合器，從四檔換到三檔、從三檔換到二檔，然後再從二檔換到一檔。

從四檔一路換到二檔的過程中，不要踩煞車，因爲低速檔自然會讓車子慢下來。但換到一檔時，就要踩煞車。這條規則的唯一例外就是，萬一你的車子即將撞上某樣東西。在那種情況下，不管是任何檔位，都要用盡全力踩著煞車、祈禱，並且閉上眼睛！

❼停車

最後，開手排車停車時，要打在一檔或倒車檔，而且一定要拉上手煞車。

Work Life

工作生活

019 時間管理

史蒂芬・柯維 STEPHEN R. COVEY

史蒂芬・柯維有多本著作，包括《高效率者的七個習慣》（The 7 Habits of Highly Effective People）。他也是一家全球性專業服務公司「富蘭克林柯維公司」的聯合創辦人和副董事長。

在我的經驗裡，大部分人的時間管理之所以效率不佳或甚至失敗，和技巧及技術並沒有太大關係，主要是這些人並沒有對他們生活中最重要的事情建立願景和許下承諾。而這些生活中最重要的事，包括了他們希望用來做為生活基礎的那些原則。有效的時間管理，其實就是生活指導，涵蓋了以下4個步驟：

❶ 寫下個人「使命宣言」

這份個人的「使命宣言」裡，應該載明你信奉的生活原則，以及你的生活願景。花點時間去思考這些問題以及它們之間的關係，這些都是你最重視的——這會讓你了解生命的意義和目標，帶給你安詳、幸福和滿足。思考有哪些原則會替你帶來你所追求的生活品質。沒有這樣的願景支撐，我們的生活終將會每天忙著沒有意義的事情——同時又會被「時間暴君」壓得喘不過氣來。

【從不賴床開始】

❷找出你在生活中擔任的5到7項主要角色

你的角色可能包括母親、父親、妻子、丈夫、行銷副總裁、生產經理、委員會主席、朋友、鄰居、家長會委員、教會義工。在釐清這些角色後，你或許會想要擴大你的使命宣言。

❸替每個角色定下目標

一定要思考長期的年度目標，但在每週一開始，就必須檢討你的每一項任務和角色，並替每個角色定下目標，安排好時間，在那個星期內就完成這些目標。

❹願景、角色和目標合而為一

這兒指的是你做出及維持承諾的能力。強化個人整合與紀律的關鍵在於從小處開始。要做到這一點，大部分的人一開始可以從自己的身體下手。如果早上鬧鐘響起後，你很難從床上爬起來，那你就要定下目標，在一週之內，每晚一定要早早上床睡覺，早上早早起床。接著，規定自己在下一週也這樣做——然後，擴大到一個月。每一次做出這樣小小的承諾，並且加以實現，你就增加了可以做出更大承諾的力量。接著，擴大個人承諾，在一週之內連續實現好幾次。下週繼續這樣做。接下來，也許可以針對自己的減肥計畫、飲食習慣，或甚至閱讀計畫，做出承諾。

【從不賴床開始】

隨著你繼續對自己及別人做出承諾、實現承諾，你將會發現，你在生活中整合任務與願景的能力，已大大超越你鬆懈的情緒反應。而忽視或延誤對你最重要的事項，長久下來，就好比用鑽石換取泥土。

在我們每週花時間思索生活中所扮演最重要角色，以及如何實現這些角色的同時，我們已經開始接觸到一個強力的內心羅盤：內心、意志與精神組成的這個內在羅盤給了我們智慧與指引，教導我們如何服務與滿足我們最重視的人——配偶、子女、朋友、鄰居、同事。就是這個內在羅盤帶給我們方向與力量來保持承諾，鼓舞我們超越自私、小氣、懶惰和冷漠，並促使我們發掘重大的潛能。就是這個內在羅盤使我們能夠對「好」或「稍稍不好」說不，只對「最好」說是。內在羅盤使我們能夠知道，什麼時候該放棄我們生活中事先計畫好的事項，而去實現當下更為重要的事。

我們越是多注意、多遵循這個很棒的內在羅盤的指引，通往正確原則的方向就會變得更加強烈與清晰。當我們停下來幾分鐘，靜止不動時，也許我們全都會體認到這個羅盤的偉大力量，並且記住，這個羅盤是最有效的。

【分類·淘汰·分配空間·裝箱·維護】

020 整理

茱莉·摩根斯登 JULIE MORGENSTERN

茱莉·摩根斯登，是「茱莉·摩根斯登工作大師」（Julie Morgenstern's Task Masters）這家專業整理公司的創辦人兼老板。她有三本著作，包括《從內向外整理》（Organizing from the Inside Out），同時也是《歐普拉雜誌》（O: The Oprah Magazine）的專欄作家。

你準備大肆整理，卻不知道從哪兒開始？不管是清理衣櫥、廚櫃或車庫，請遵循我的「S·P·A·C·E」五步驟方案，這能讓所有工作變得更易於處理、更井然有序和更有價值。「S·P·A·C·E」方案成功的關鍵就是，每個步驟都要做，而且要按照順序進行。最好一次選一個房間來進行和完成，以獲得最大的滿足與成就感。

❶ S——分類（Sort）

不管你打算整理什麼——從文件、衣服到運動裝備，先把相同的物品集合在一起，看看你到底有些什麼。在地板上清出一個區域，先從一個角落開始，在房間裡圍成一圈，把每一樣物品放進某一個大類裡。這時先忍一忍，不要急著把不想要的東西立即扔出去。先大概了解在每一大類裡你都有些什麼東西，這時再去決定什麼該留下來、什麼該丟出去，就很容易了。

❷ P——淘汰（Purge）

到每一堆物品看看，檢查有那些東西，對於每一樣物品，問問自己：「我用得上這個嗎？我喜歡這個嗎？」如果你對這兩個問題都回答：「是的」，那就把它留下來。如果不是，那就把它丟掉吧。在我們所擁有的物件中，大多數人平均只使用其中的20%——也就是說，我們只穿所有衣服中的20%、只參考我們保存的20%檔案、只聽我們所擁有的20%的雷射唱盤，而且是聽了再聽。不過，淘汰還是最困難的步驟。如果想化難爲易，請記得依照以下的指示：

- 把「無用之物」丟掉：這類東西大都情況很糟糕，對你目前的生活毫無幫助，以至於你從來沒想到要去使用它們——例如乾涸的原子筆，髒污、破損、或是你不喜歡的衣服，以及已經生鏽的別針。
- 捐出去或送給朋友：把你很久以前購買、但從來沒眞正使用的東西送出去，不管當初是花多少錢買的！如果你能夠確定，這些東西可以送給某人或某個慈善團體，你就會更捨得把它們送走。
- 多想想，處理掉一些東西後，會替你帶來多少好處：空出來的空間可以用來放你眞正會使用、而且眞正喜歡的東西；可以節省在亂七八糟雜物堆中找東西的時間，和因此而流失的金錢；還有，把你從來沒用過的東西與全世界分享的那種滿足感。

【分類・淘汰・分配空間・裝箱・維護】

❸ A——分配空間（Assign a Home）

接下來就要決定，留下來的那些東西要分配在哪些正確的存放空間裡。要安排得很精確——哪一個櫃子、哪一個抽屜、柱子的哪一邊、床的哪一邊？一定要考慮到使用的頻率、是否容易取得，以及合理的先後順序。例如，運動衣放在游泳衣旁邊，男襯衫和運動夾克放在一起，這應該都是很合理的安排。

❹ C——裝箱（Containerize）

裝箱，可以讓你的整理系統更有個人風格和美觀。等到這個階段再去買箱子，就可以確定你到底需要多大的箱子（或櫃子）。列出購物清單，量出要用多大的箱子，然後帶著這些資料到店裡。在每個箱子上貼上標籤，這會讓你更容易記得每個箱子究竟放了什麼東西。

❺ E——維護（Equalize）

一旦全部整理完畢，就要設計出一套維護計畫。一間整理得很好的房間，不管弄得多混亂，每天結束時，不用花上5分鐘，就可以把它清理得乾乾淨淨。每年做一次「調整」，就可以確保你的這套系統可以及時跟上你的需求、物品與優先順序的變化。

021 求職面談

托里．詹森 TORY JOHNSON

托里．詹森是「待聘婦女」（Women For Hire）公司執行長，並且是《待聘婦女：求職終極指南》（Women For Hire: The Ultimate Guide to Getting a Job）一書的其中一位作者。

獲得面試機會，只是求職過程的一半而已，所以，接下來你還是必須很努力地去處理。以下6項簡潔的步驟教你如何在面試中獲勝。

❶ 多方打聽

盡量打聽面試者及他（她）所屬這家公司的一切資料。這家公司是何時成立的、總公司設在哪兒？確定這家公司的競爭對手是誰、它的主要市場是什麼，它提供什麼樣的服務。閱讀相關的媒體報導，了解一下媒體對這家公司的看法。如果這家公司很低調，或是完全找不到有關它的報導，這代表什麼？

❷ 先做功課

面試之前，徹底了解這項工作的內容，然後準備要說些什麼，才能證明你可以達到、甚至超越這些工作上的要求。詳細列出你的專業知識、技能和能力，並要配合舉例，讓主試者對你過去的成就留下深刻印象。找一位你信得過的朋友一起演練，要他提出最常見的面試問題，然後練習如何回答（「介紹一下你自己吧」，以及「你有什麼長處？缺點？對將來有何計畫？」）在回答像「你的最大弱點是什麼？」這類問題時，絕對不要做出消極的回答，像是「我最怕電話行銷」。相反的，試著用積極的語氣回答，像是「我現在正在上課，希望能夠加強我的電話行銷技巧」。事先準備好一些有趣的小故事，隨時可以拿出來用，例如，被問到你是否有過必須去應付一位難纏、不滿意客戶的經驗時，你就可以很有信心地加以回答。

❸ 備妥履歷資料

你的履歷表一定要很完美——語法要正確，沒有任何錯字或別字。

履歷表應該詳細列出過去的工作成就，同時要強調，例如，你曾經如何增加公司的銷售量、改善產品品質、簡化作業流程或是增加生產力。說得越具體越好。準備好一份你工作經歷的資料夾，留給主試者參考。備妥一份推薦者名單，包括他們的姓名、連絡方式，並且簡單敘述一下你和他們每一位在工作上接觸的情形。但你一定要先取得這些人的同意，才能提供他們的姓名，而且一定要確定他們會稱讚你。

❹ 讓自己發光發熱

讓你的個性發光。和你的面試者進行「人性化」的接觸。如果他提到他剛剛度假回來，那就要對他的度假之旅表現出眞誠的興趣。問問他在公司的經歷，像是他在公司已經多久了，他對自己的職位有什麼滿意之處。注意不要表現得太過頭，只需發揮自己迷人的一面，一直面帶微笑。

❺打聽下一步

避免自己一無所知，在結束面談之前最好打聽清楚，求職過程的下一步是什麼。你應該與什麼人聯絡？他們會以什麼方式和你聯絡——電話或電子郵件？還會再面試一遍嗎？你需不需要再做說明，或是接受任何技術鑑定測驗？他們希望在什麼期限前找到需要的人選？盡量多打聽，了解你下一步該做什麼。

❻尚未結束

持續追蹤是致勝關鍵。面試後立即發一封電子郵件感謝對方，接著再寄上一封親筆感謝函。感謝函不應該像是大量寄發的電子郵件，而是要表現出個人的誠意，並且要與眾不同，一定要特別注意，不要把對方的姓名和職稱寫錯了。在事先約定好的那一天，和那位連絡人聯絡，問問看，你是否還需要再補上一些資料，提供給擁有聘用決定權的那位主管參考。如果你被通知錄取了，恭喜你！再寫一封感謝函給那位面試者，讓他們知道，你很高興成爲他們的同事。如果你未被錄用，絕對不要表現得很生氣或怨恨，這會斷了你的後路。相反的，請他們給你一些建設性的建議，讓你能夠改進，同時請求對方和你保持連繫，將來有職缺時可以通知你。

【讓你的老闆知道你是很有行情的】

022 要求加薪或升職

李·米勒 LEE E. MILLER

李·米勒是「談判專家」網站（NegotiationPlus.com）總經理，《下一個工作賺更多錢》（Get More Money on Your Next Job）一書作者，並和他的女兒潔西卡合著《女性談判成功指南》（A Woman's Guide to Successful Negotiating）。他也製作一張互動訓練光碟，名為「談判專家101：滿足自己需求的藝術」（NegotiationPlus 101: The Art of Getting What You Want）。

❶ **要求加薪，時機很重要。**

你不會在某天早上醒來時，就突然想到要求加薪或升職。你必須事先準備妥當，並且打好基礎。

❷ **大多數老板（或上司）都不知道你每天的日常工作是什麼，因此，你必須用很多方法和他溝通，讓他了解你工作上的表現。**

當你有機會和老板討論其他事情時，你要隨口提到你最近工作上的一些成就。例如：「對了，順便提一下，我想你可能會想知道，我們剛剛完成一項大計畫，客戶們都很滿意。」

❸ **想讓老板知道你的成就，最好的方法就是把你的功勞和屬下分享。**

告訴老板，說你的團隊表現多麼棒，這可以讓你盡量吹噓你有多麼成功，但聽起來卻不像在自吹自擂。

❹經常性地讓老板了解你的工作成就之後，現在就可以挑選適當時機向老板提起加薪或升職之事。

但在提出這樣的要求時，需要有個理由。像是「我已經很久沒有調薪了」這不是理由；「我剛拿到企管碩士學位」、「過去6個月裡，我的業績一直是公司最好的」、「我的業務量增加了，但我一直處理得很好」、「你的最大競爭對手向我挖角」——這些就都是很好的理由。

❺如果找不到理由，那就製造一個。

除非你就是老板的兒子，否則不會有哪位老板平白無故加你薪水或將你升職。尋求表現，讓老板印象深刻，就會替你帶來加薪的好機會。去學些新的技術，以及爭取負責新業務和工作項目，都可以達到加薪的目的。

❻要求加薪的最佳理由，就是有人向你挖角。

即使你很喜歡目前的工作，你還是應該不時悄悄地尋找其他工作機會，以測試你的市場行情。一旦有人要你跳槽，那就是要求加薪的最佳時機。

❼挑選好適當時機之後，現在該和老板坐下來談談加薪或升職了。

和老板約個時間談談，理由是你要和他談談你的職位問題，而不是談加薪，因爲老板最不想談的就是加薪。

❽和老板面談時，請求他給你建議，而不是直接提出要求。

先說出你覺得你應該得到加薪或升職的理由，再問老板，你還有什麼需要努力的。向他請教，你就可以避免表現得好像要與他作對，如此一來，他將很難否決你的要求。老板若不是馬上加你薪水、或升你的職，就是會告訴你，如果想要加薪或升職，你應該再做哪些努力，如果是後面這種情況，你今後就必須把自己進步的情況不斷向他報告，時時提醒他。

❾如果有別的公司要你跳槽，要讓老板知道。

你要強調，你很希望留在公司裡替老板工作，但另一家公司給的薪水較高，而且升遷的機會和發展潛力較大。問問老板，他覺得如何。如果老板還不幫你加薪，那你就該準備離職了。

記住，從長遠觀點來看，即使只是小幅度的加薪也應該加以珍惜，因爲將來所有的加薪、紅利和退休福利，都是根據你新的薪水來計算。

023 稱讚別人和接受稱讚

瑪莉・米契爾 MARY MITCHELL

瑪莉・米契爾，「米契爾組織」（The Mitchell Organization）總裁，這是位於費城的一家訓練與諮詢公司，專門協助公司或個人磨練他們的個人互動技巧。她是「iVillage」網站的社交技巧專家，有5本著作，包括《白癡的禮儀完全指南：良好態度如何創造良好關係，以及良好關係如何創造出好生意》（The Complete Idiot's Guide to Etiquette and Class Acts: How Good Manners Create Good Relationships and Good Relationships Create Good Business）。她也是＜美儀女士＞（Ms. Demeanor）這家全國性媒體集團的專欄作家。

不管別人稱讚你的原因是什麼——減肥成功後的苗條好身材、鼓舞人心的一場精彩演說、一頓美味的晚餐，誠心的稱讚都會鼓舞我們，讓我們感到光榮，認同我們所做的選擇和努力。好的稱讚是一種兩面禮物，對說出者和接受者都有好處。只要眞的誠心誠意，而且稱讚的內容很得體，稱讚都是很適當的社會禮儀（後面還會進一步討論）。

如果某人外表看來一直很好看，那就如此告訴他（她）。如果某人的工作效率一直很高，那就承認吧。稱讚可以打破和陌生人的冰冷關係、化解壓力、提振精神或加強關係。在適當時機說出最合適的話，可以激勵、安慰、獎勵、確認和鼓舞被稱讚者。

稱讚不同於巴結。巴結並不是眞心的，而且太過分。但不必要的稱讚也會令人覺得討厭，並會讓別人覺得這位稱讚者好像別有所求——「感覺上這位稱讚者似乎想拿到一張收據，以茲證明。」有位作者如是說。什麼才是好的稱讚？以下是一些基本原則：

•要眞誠：你稱讚別人，只是因爲你認爲你該這樣做，但其實這心態是不對的。虛僞的稱讚別人，很容易就會被識破，並會破壞你的信譽。因此，如果演講者講得很爛，那就不要過度稱讚他（她）的演說內容。你可以說他（她）很努力、感謝他（她）花了這麼多時間，並且提及他的其他成就。

•要具體：「這道菜眞好吃」，要比「你眞是個大廚師」好得多。「這份行銷研究報告對市場的分析相當正確」，要比「幹得好！」好得多。

•不要比較：絕對不要拿一個人的成就和另一個人做比較。

此外，稱讚的內容應該與被稱讚者和稱讚者之間的背景與關係一致。

職場

那稱讚老板的新髮型呢？如果他（她）和你已經是老同事了，而且，你們彼此的關係一向很友好，那麼，稱讚一下並無妨。但是，在大部分情況下，最好是稱讚同事的工作表現，而不是去稱讚他或她的外表。

這絕對適用於公司內你的上司和下屬。因爲這樣的關係包含了權力的交互作用，個人的無心稱讚，可能會被過度重視，或是遭到誤解。因此，你可以放心稱讚你的行政助理——是稱讚他（她）的工作表現，而不是他們的外表。

朋友之間

你碰到某位朋友，發現與你上次見到時有很大不同。也許他（她）減肥成功，也或許做了整形手術。你想稱讚對方幾句，但又怕說錯話，因爲這種情況有點敏感。那麼，你應該說什麼呢？只要用很驚訝的聲音說：「你的樣子好棒哦！」如果這位超級大帥哥（或大美女）很詳細向你說明，那麼，你就可以和對方大談特談。但如果他（或她）只是淡淡說聲謝謝你，那就趕快換話題。

如何回答別人的稱讚

對於別人的稱讚，你應該回答：「謝謝你。」除此之外，以下的幾種回答都不妥：

- 「你在笑我嗎？我肥得像頭豬！」
- 「沒什麼。」
- 「哦，你是在開玩笑。」
- 「拜託。我才剛增加了好幾公斤呢。」

所以，對於別人的稱讚，絕對不要反駁、貶低或輕視。這樣做是在侮辱稱讚者，因爲這等於質疑他（她）的判斷、標準、品味或——最糟的是誠意。最好是報以微笑，享受這一刻的喜悅——並且等待下一次有機會時，把這種美好的感覺送給別人！

024 談判

唐納．川普 DONALD TRUMP

唐納．川普是房地產開發商，擁有多處產業，包括泰姬瑪哈賭場和川普廣場。他也是環球小姐、美國妙齡小姐和美國小姐等選美會的負責人。川普有4本著作，包括《打交道的藝術》（The Art of the Deal）。

談判是一種藝術。有些人——但不是很多人天生就有談判的才能。大部分人需要學習和練習這種藝術，才能很熟練。以下是一些重點：

❶ 要先知道你到底要什麼，然後專注於這一點進行談判。

❷ 把任何衝突看成是一種機會。這可以擴展你的心志和視野。

❸ 要知道你的談判對手可能也擁有與你完全相同的目標，不要低估他們。

❹ 耐心是最大的美德，不管身處何種層級，都需要培養出這項優點。

❺ 百折不撓才能持久。太過固執經常會壞事。重要的是，要知道在什麼時候就該放手。

❻時時保持樂觀。思想要積極——這可以讓你集中精神，同時淘汰掉思想消極、對談判有不好影響的人手。

❼暫時退卻一下，但這是故意的。看看你的談判對手如何反應。

❽要保持開放的心胸，隨時準備接受事情的變化——換句話說，就是要懂得創新。

❾相信你的直覺，即使你的談判技巧已經訓練得很純熟。人之所以有直覺，是有道理的。

❿談判是一種藝術。所以要把它當作藝術來看待。

【力道要穩重而肯定・直視對方眼睛】

025 握手

蕾蒂蒂亞・巴德里吉 LETITIA BALDRIGE

蕾蒂蒂亞・巴德里吉曾任白宮社交秘書，並且是約翰・甘迺迪總統夫人的幕僚長。她有20本著作，包括《蕾蒂蒂亞的新時代新儀態》（Letitia Baldrige's New Manners for New Times）。

握手通常是兩位成年人見面時的第一項肉體接觸，因此，爲了你自己著想，一定要讓握手成爲一種愉快的經驗。別人會在握手的過程中對你產生一些意見，像是，你是不是熱情的人；是不是果斷、掌控一切的人，是不是冷漠、勢利眼的人；或是一個軟弱、冷淡、猶豫、不值得信任的人。

握手是否成功，決定於你的握法如何、握手的時機與地點。如果你很年輕、無經驗，或只是缺乏安全感，那你可能會很懷疑，向別人伸出手，是不是聰明的做法？答案是：儘管去做！十次有九次，握手會使對方注意到你，覺得你很友善，甚至會認爲你很有禮貌。

我們全都知道，如果對方拒絕和你握手，那是很難堪的。那等於是完全的拒絕，而且，可能現場有很多人目睹。你站在那兒，一隻手尷尬地伸出去，停在半空中，你眞的很希望自己當時是在另一個星球，而不是在那個地方。但在你紅著臉、覺得羞愧無比、想要默默走開之前，請先想一想。你想要和他握手的那個人，他（她）當時是不是正在專心和另一個人交談？拒絕和你握手的那個人，他當時是不是正在門口迎接晚宴貴賓、且

【力道要穩重而肯定・直視對方眼睛】

正和一位衣著光鮮的鄰居聊天？你也許覺得自己像位誤入皇宮的小老百姓、犯下無可原諒的失禮，但其實很可能只是當時情況特殊，才如此不幸造成你的尷尬。什麼時候不應該主動找人握手，這應該是普通常識。

當你剛剛抵達某個聚會，先找到主人、自我介紹一番，並和他握手。當你離開時，向他（她）道別，並且再一次和他（她）握手。

好的握手會傳達一些好的身體語言。如果是你先伸出手的，那就向前跨出一步，伸出右手、面帶微笑，兩眼直視對方眼睛。如果你和對方是初次見面，那就要大聲一點說話——清楚說出自己的名字。

握手要有力，不能軟弱無力，不能隨便一握，但也不能像與人比賽腕力那般用力。事先確定你沒留下任何小披薩、小熱狗或乳酪的碎屑在自己指甲裡。

如果你有手汗的毛病，兩手老是濕淋淋的，那要記得，在與別人握手之前，用你的右手在褲底或裙子上很快速地擦拭一下，這可以讓你的手暫時乾一下，方便和別人握手。

如果你在家裡教導孩子如何以及何時和別人握手，而當他們很正確地和客人握手時，記得稱讚他們，這將會是你對這個文明社會的一大貢獻。

026 與人交談

莫理斯·瑞德 MORRIS L. REID

莫理斯·瑞德，「魏斯丁•林哈特顧問公司」（Westin Rinehart）創辦人兼總經理。他最初是和柯林頓政府的商業部長一起工作。

在這個說話力求簡短和電子郵件充斥的時代，再加上有那麼多的電視頻道，讓我們只會緊盯電視螢幕並且把嘴閉上，使得與人交談已經不再受到重視。但是，對每個人來說，與別人交談其實很重要，應該把它當作是我們的日常工作，因為它會讓我們和同事們溝通，甚至讓我們和鄰居打交道。下面是我想到的一些對於人際交談有幫助的點子，不管你交談的對象是參議員或是計程車司機，都同樣適用。

先作功課

如果你沒把老師昨天交代的功課唸完，到了學校後會發生什麼狀況？在課堂上，老師問到你時，你可能一句話也說不出來。同樣的情況也會發生在你的成人生活裡，這可能表示你會因此失去一次與人溝通的重要機會。大多數人都認為，他們所做的事情是很重要的。如果你可以淡淡地、眞誠地主動提起你認為會讓對方感到興趣的問題，像是關於對方的公司、工作性質或他個人的興趣，那他們一定會覺得受寵若驚，你因而能馬上和他們建立起溝通管道。更重要的是，他們會因此記得你。甚至即使對方並不很健談，但至少，他肯定會向你談起他們正在從事的那項「重要」計畫。

雙向道

把交談想像成是一種小小的關係，有高潮有低潮，有付出有接受。單方面的關係是行不通的，單方面的交談也不行。雖然你可能有很多話可說，但也不要變成是你一個人在滔滔不絕說個不停。切記，你幾乎可以從任何人那兒學到東西，人類的基本需求之一就是，覺得自己所說的話，都是值得對方聽取的。不要打斷別人的談話。小心聆聽別人說的話，提出有深度的問題，表示你了解他們在說什麼。

留意最新動態

隨時掌握這個世界和社會的最新動態，你將會知道別人都在想什麼，影響到未來的都是什麼。只要知道目前全世界的最新動態，甚至即使你未曾事先做功課，也會聽得懂別人倒底在說什麼。

表現出好品味

在交談開始熱絡後，你們可能就會失去戒心，因此交談內容很容易就

【聊天也要直視對方眼睛】

會變質。這很危險。在與業務有關係的會談中，最好不要談到那些閒言閒語、嘲諷和抱怨。你永遠不知道誰認識誰，只要你做出會令人不愉快的一次評論，就很難讓人恢復對你的信任。

家人最重要

對某些人來說，家庭是生活中最重要的事，因此，你只有在談到對方的家人時，才會眞正引起對方的興趣，例如你同事的女兒參加學校的壘球隊，只要和他談起這件事，一定可以增加你們交談的熱烈氣氛。這會讓他覺得和你當同事很有價值，雖然在與業務有關的問題上，你們的看法並不一致，但只要你對他展現出人情味的一面，將來雙方談判遇到歧見，這友善的印象將對你有些幫助。

沒有人什麼事都知道

向政治人物學習。他們可以前一分鐘拿著書本唸書給小學生聽，然後一轉身對滿屋子的博士發號施令，請博士們提供高見。他們是怎麼辦到的？因爲，好的交談者接受一個事實：他們不可能知道所有該知道的事。一旦明白這個道理，就不會再害怕偶爾表現得不是很聰明。專心聽別人怎麼說，把你的長處發揮在其他方面。

【聊天也要直視對方眼睛】

不是每個人都想談公事

身為好的交談者，必須了解其他人的興趣究竟在哪兒，這可能表示，大家想談的是昨晚的棒球賽，而不是即將來到的合併案。記住，彼此交談就像兩人的關係——不要一下子就想把對方壓榨乾淨。

要包容，不要排斥別人

好的交談者會把人們聚集起來，並且會想法子把每個人都納進交談中。如果讓某個人默默坐在桌前毫無參與感，他很可能會覺得很不自在，於是最後可能會很不高興地離去。注意聆聽會談的進行，根據你事前在家裡做好的功課，設法提出相關的話題，讓在場的每個人都可加入交談。

你在跟我說話嗎？或是我後面的那個人？

想要好好交談，目光接觸很重要。這不僅可顯示出你的自信，同時也會讓某個人覺得，對你來說，他或她是當時在整個房間裡最重要的人。

勝利者是……

眞正的勝利者是，不管是在酒會、會議室、家族聚會或是咖啡廳裡，能夠了解到交談的目的是在於了解別人想要什麼、並且眞正照顧到他（她）的需求的人。

027 記住別人的姓名

蓋里．史莫 GARY SMALL

蓋里．史莫博士在加州大學洛杉磯分校擔任教授，專門研究老化問題，主要著作有《記憶聖經：讓你的頭腦保持年輕的創意策略》（The Memory Bible: An Innovative Strategy for Keeping Your Brain Young），以及《記憶良方：蓋里．史莫博士讓你的頭腦與身體保持年輕的十四天計畫》（The Memory Prescription: Dr. Gary Small's 14-Day Plan to Keep Your Brain and Body Young）。

幾乎每個人都有過記不住別人姓名的經驗——有時候甚至在雙方剛剛相互介紹過不到幾秒鐘就忘了。這種記不住別人姓名的主要原因在於，我們經常未能全心全意注意——即使我們聽到別人的自我介紹，但並沒眞正用心去聽。幸運的是，對於我們這些急於想要記住別人姓名與臉孔的人，其實有很多很容易學會的方法，可以讓我們很容易記住別人的名字。

初次見面介紹時，把對方的姓名重複唸一遍，或是說，對方的名字讓你想起與他同名的另外某個人，這對於記住此人的姓名，很有幫助。如果某人的姓名很複雜或是很罕見，你可以請教對方，他的姓名應該怎麼唸，或是怎麼寫。有時候，只要在腦海裡想像一下這個姓名會讓你聯想起什麼影像，就足以讓它深深刻印在你腦裡。在道別時說出某人的姓名，也有助於把對方名字牢牢存在記憶庫裡。

記住別人姓名，最好的法子也許得使用3項基本記憶步驟，我稱之爲「看，拍照和連結」。首先，確定你很用心聆聽並觀察對方的姓名（看）；接著，對這人的姓名與臉孔，請分別在你心裡各拍下2張「照片」（拍照）；最後，把姓名快照和臉孔快照連結起來。

想要在心裡創造出一張臉孔的照片，先要挑出對方臉孔裡一個比較容易記住的特點。只需看看對方的臉，找出最突出的特點——例如小鼻子、大耳朵、特殊的髮型或是很深的皺紋。一般來說，你第一眼注意到的突出特點，通常就是事後最容易回想起來的。

替姓名創造出一張快照時，切記，所有的姓名都可以分成兩類：本身有意義、且會讓人聯想起某種視覺影像的姓名，以及不具意義的姓名。像「Carpenter」、「Katz」、「House」、「Bishop」、「Siegel」、「White」或「Silver」這些名字，其本身都有意義，聽到後馬上會在腦海中出現一種影像。所以，在跟Siegel太太見過面後，你就會想到「Seagull」（海鷗）。

其他無法馬上連想出某種影像的姓名，也許需要多花點心力才能記住。不過，這樣的名字或它們之間的音節，或許可以和一些本身有意義的名字或聲音聯想在一起。把這些替代的名字連結起來，就可以產生一種容易記憶的影像。有些時候，我們可以把一個名字分成幾個本身各具意義的音節，接著，事後把它們連結起來。例如「George Waters」這個姓名，可以把它想像成這樣的畫面：一處「Gorge」（峽谷）有「Water」（流水）流過，這樣一來就很容易記住了。當然，用來取代的姓名或音節，不必很精確。「Jane Shirnberger」這個姓名可以把它分割成是一條「Chain」（鍊子）懸掛在一隻「Shined」（閃亮的）皮鞋上，並踩在一塊「Burger」（漢堡）

上。我有時候喜歡利用名字唸起來類似的知名人物，來幫助記憶。所以，「Jane Shirnberger」這個姓名就變成，知名女星珍．曼斯菲（Jayne Mansfield）腳穿閃閃發亮的鞋子，口中咬著漢堡。

最後一步，把姓名和臉孔連結起來，在心裡把你前面製造出來的2張視覺影像合併，再創造出一張影像：臉孔特色快照和姓名快照。例如，如果比提太太（Mrs. Beatty）的嘴唇很突出，那麼，她的臉部特色照片應該就是她的嘴唇，與她姓名有關係的聯想照片，應該就是知名影星華倫比提。這兩張照片結合起來，就是想像華倫比提親吻她的唇（但不要把這件事告訴華倫比提的妻子，安娜特班寧）。

影像和替代名字不必要很完美。想像出影像，並把它們連結起來，這樣的過程，將會把它牢牢印在你的記憶裡，使你永遠忘不了對方的臉孔和姓名。

【看，拍照和連結】

028 解讀身體語言

史蒂夫·柯恩 STEVE COHEN

史蒂夫·柯恩被稱為「百萬富翁魔術師」。
他在紐約傳奇性的華爾道夫旅館表演「密室魔幻秀」(Chamber Magic),
座上客都是名人、大亨、和上流社會人士。
他有一本著作即將出版,《就愛魔術》(Just Like Magic)。

在跟其他人進行互動的每一分鐘裡,你會發出高達一萬項非言詞訊號。你的音調、臉部與身體的表情,傳達出大量資訊,且遠遠超過你使用的語句。如果你能夠解讀人們的身體語言,那將對你有極大幫助,因爲如此一來,就能夠看穿他們究竟在說什麼,因而了解他們在想什麼。請遵循以下幾項簡單的步驟,這沒有什麼神奇之處,只需要稍稍發揮足以讓福爾摩斯感到驕傲的偵探精神就可以了。

觀察瞳孔大小

你走進一間黑暗的房間時,瞳孔會很自然地膨脹(變得更大),如此一來,眼睛就可以吸取更多資訊和更多光線。當你看到喜歡的事物時,瞳孔也會膨脹。所以,當你和某人說話時,注意對方的瞳孔。如果他們的瞳孔變大,那是讚許的跡象——他們喜歡你!

【觀察尖端細微動作——不管是指尖還是眼角】

目光接觸

人們說實話時，他們的眼睛就能夠很自然地直視你的雙眼。不過，當他們不是說實話時，大多數人都會把眼光移走——不是轉動整個頭部，就是只把眼光望向別處。注意觀察這種會洩露說話者祕密的身體語言，這時你就會知道，你聽到的並不是事實。

注意虛僞的微笑

微笑，通常被視爲是幸福、熱情和誠實的跡象。不過，微笑也有可能正好完全相反。如果某人緊咬著牙，或是緊閉雙唇對著你笑，這人可能對你不懷好意。記住：眞誠的微笑能持續很久，虛僞的微笑則一閃即逝。

瞧瞧桌子底下

注意某人是不是兩腳不安分，或是很緊張地晃個不停，這兩種動作都顯示這個人處於消極狀態。如果你發現，某人兩腿交叉，一條腿在另一條腿上面上下彈個不停，這表示他（她）覺得很焦慮。同時還要注意，對方腳的動作和手臂的位置。當人們彈著腿，同時兩臂交叉，這表示他們封閉自己，不和別人進行溝通。

【觀察尖端細微動作——不管是指尖還是眼角】

揪出說謊者

除了注意眼睛透露的訊息（請參考先前所提的幾點），還有其他法子可以察覺出某人是否在說謊，只要留意以下的跡象：手勢過多、手裡不停把玩某樣東西、在身體上抓癢或緊閉雙唇、兩唇向內吸。另一個極其明顯的跡象是上半身動作僵硬。說謊的人經常都會設法讓自己的身體靜止不動，如果他的四肢看來太過僵硬，那他一定是很努力在控制他眞正的感覺，且努力得過頭了。

看出他或她是否對你有興趣

在雞尾酒會上，要看出某個女性是否默默發出鼓勵男性向她搭訕的訊號，有個線索，就是她會不斷敲著雞尾酒杯的長腳。這種動作完全出自潛意識，並有很明顯的性暗示。跟這個動作相同的男性動作，就是他會用他的手指尖輕輕劃過酒杯的邊緣，且會偶爾變換劃動的方向。這些動作都是很明顯的訊息，表示對方對你有興趣，也代表，你今晚大概不可能一個人回家！

【兩個人才能形成交談，而總得有人是傾聽者】

029 聆聽

賴利．金 Larry King

賴利．金是CNN「賴利．金現場秀」（Larry King Live）主持人，著有《如何隨時、隨地與任何人交談：良好溝通的秘訣》（How to Talk to Anyone, Anytime, Anywhere: The Secrets of Good Communication）。

人們認爲我是以向人提出問題維生的，這是實話，但只說對了一半。另一半是聆聽別人提出的答案。在廣播電視這一行裡——事實上，也包括一般人，很多人只喜歡聽到自己的聲音，因此聽不到別人在說什麼。關鍵就在於專心。我這輩子聽過最眞實的一句話，而且，我忘了是誰說的，就是——「當我說話時，我什麼也學不到。」想想這句話透露的眞理。如果你把這句話應用到日常生活中，以及生活中所有領域裡——不管是私人生活或事業上，長久下來，你將比目前擁有得多更多。這裡面的關鍵就是注意聆聽別人說話。

如果對方說的話聽來不對，繼續聽下去。如果聽不懂對方在說什麼，很簡單，對他說：「我聽不懂。你可以解釋一下嗎？」不懂，並沒有什麼錯。但是，不承認自己聽不懂，那就錯了。

有時候，很難讓某人開口說話，但只要繼續努力，就會產生結果。這兒有個很好的例子。有一次，我訪問一位得到勳章的戰鬥機飛行員，這位飛行員住在邁阿密，他在第二次世界大戰期間擊落過11架敵機。他是我當天晚上節目的特別來賓之一，大家都很興奮，想聽聽這位眞實世界的英雄說些什麼。我預定訪問他1個小時。我的第一個問題是他爲什麼加入空軍。他的回答是：「我喜歡空軍。」說完後，就沒有繼續再說什麼。我馬上察覺到，這人不但很緊張，而且，看來我似乎不可能要他說上1個小時。他全身顫抖得很厲害，於是我馬上轉變話題，向他問到關於恐懼的問題。我問：「如果我們電視台上空有架敵機，你會開飛機去迎戰嗎？」他說：「會的。」我說，換成是我，我會害怕，並且問他，在這次訪問中，他會怕什麼。他說，他不知道都是哪些人在聽他說話。

我成功地把話題轉移到討論恐懼。在10分鐘之內，他開始談到一些事情，像是「當時，我們從雲中俯衝下來……我甚至看得到敵方飛行員的眼白。」換句話說，我已經把他帶進某個領域，而且是他最熟悉的領域，他的各種說法便馬上傾洩而出。所以，這裡面的關鍵就是找出讓對方覺得安心自在的領域。例如你可能認爲，會計師的工作可能很沈悶。但會計師可能不見得認爲自己的工作很沉悶。所以，你可以提出這樣的問題，像是「會計工作有什麼吸引你的地方？」換句話說，讓對方知道，你對他或她很有興趣。

總之，交談需要兩個人，有時候，得有更多人。先聽聽別人怎麼說。不久之後，你就會想要謝謝我。

030 增加詞彙

理查·黎德勒 RICHARD LEDERER

理查·黎德勒，語言專欄作家，著有多本討論語言和幽默的著作，包括暢銷書《痛苦英語》(Anguished English)系列叢書。他在公共電台主持「怎麼說」(A Way with Words)節目，經常上公共或商業電台節目 擔任特別來賓。他曾獲選為「年度最佳詞彙人」，也曾獲得「國際會議主持人協會」頒發金議事槌獎。

大法官奧利弗·溫德爾·霍姆斯(Oliver Wendell Holmes)曾經說過：「語言，是當下所思所想的皮膚。」霍姆斯指出，就如同皮膚包住我們的身體，同樣的，辭彙則包住我們的心靈生命。這是簡單的數學問題：你懂得的辭彙越多，能夠做出的選擇越多；能夠做出的選擇越多，你的談話和寫作也就越正確、生動和多樣化。

以下5種方法可以豐富你的辭彙，並因而增加你的溝通能力：

❶讀！讀！讀！

你小時候學說話時，會「抓住」每一個字，好像它是一件閃亮的玩具。你就是這樣子學會語言的，這也是擴展辭庫的方法。學習新辭彙，最好的方法就是閱讀。從閱讀中得到歡樂。從閱讀中獲得資訊。只要是你覺得有興趣的題材，什麼書都可以讀——短篇小說、長篇小說、非文學類書籍、報紙、雜誌，像海綿那樣子拼命吸取辭彙。你讀到的辭彙越多，認識的辭彙也越多。

❷從上下文推測意思

偵探都是使用線索來幫助他們做出推論，以及破解案子。你也可以成爲一個文字偵探，學著推敲出某個生字或辭彙的意思，只需思考這個生字的上下文字，以及這句話被說出來或寫出來當時的情況。例如，你讀到這一句「The advent of television swept away the huge, grandly ornate movie palaces of the 1920s and left in their place small, utterly functional faceless theaters.」（電視的出現，很快淘汰了1920年代那些巨大、豪華、裝飾華麗的電影院，取而代之的是一些外表一點也不起眼、純功能性的小電影院。）從文中的上下文，以及前後文字的對照，你就可以猜出，「Ornate」這個單字的意思就是「裝飾華麗」。

❸追查字根

跟人一樣，文字也有個別的家族，叫作「詞族」。詞族指的是一群彼此有相互關係的單字，因爲它們全都擁有相同的字根，字根是文字的基石，從它那兒發展出很多彼此有相互關係的單字。看到一個陌生的單字，可以去挖掘它的字根，並找出這些字根的意思，這可以幫助你擴大你的詞彙。

假設你在演說或文章中聽到或看到「antipathy」字。從「antiwar」（反戰）和「antifreeze」（防凍）這些單字，可以推測，「anti-」這個字根的意思就是「反」。再從「sympathy」（同情）、「apathy」（冷漠）這些字來看，「path」這個字根的意思就是「感覺」。從以上這些就可以推論出，「antipathy」這個字的意思就是「對某樣事物很反感」。

❹養成查字典習慣

在建立龐大以及多樣化的辭彙時，查字典是最基本的工作。閱讀時，放一本最新版的字典在身邊。只要一碰到不確定的單字，立刻翻字典，把它找出來，這可能花不了你30秒。然後把這個單字以及它的意思記錄在你私人的詞彙表。

❺使用新字

一旦在腦海裡記住了一個新字，那就把它應用在交談或寫作裡。試著每天最少使用一個新字。告訴你的父母，說你多麼「venerate」（崇拜）他們。當你的子女很恭敬地交出遙控器與你分享時，要稱讚他們的這種「altruism」（利他主義）。讚揚你的同事，說他們做了一次很「edifying」（啓發性）的簡報。向你的貓咪解釋，要牠在吃貓食時，不要那麼「intractable」（頑固）。

同時，更要提醒自己，在學習及運用新字方面，絕對不要「procrastinate」（拖延）。把增加辭彙當成是一輩子的工作。在這個過程中，將會擴大你的思想和感覺、言談、閱讀和寫作。

031 速讀

霍華・史蒂芬・伯格 HOWARD STEPHEN BERG

霍華・史蒂芬・伯格是全世界速度最快的速讀家，並且是「associatedlearning.com」網站的站長。伯格有多本著作，包括《輕鬆學速讀》（Speed-Reading the Easy Way）。

一般人平均每分鐘只能讀200字。然而，當你駕駛著時速將近70哩（112公里）的汽車時，卻能讀出路名，同時還能夠注意儀表板、收聽車上的收音機、打手機或和車上的乘客交談。所有這些全都很容易完成。那麼，爲什麼在閱讀時，讀得那麼慢、但讀路名卻又那麼快？這個問題的答案，就是提高閱讀速度的解決方案。

看路名時，你的眼睛會把所有資訊全都吸收過來，就好像在看電影。當你閱讀時，你的頭腦把文字影像轉成聲音，好像有一個「小小人」站在你腦後，大聲地把每一個字唸出來。閱讀時你唯一要做的，是用眼睛去聽資訊，而不是去看資訊。我們需要學會一種技巧，把閱讀變成是一種視覺經驗。

使用手的動作，讓你的眼睛以更視覺的方式來看文字，就可以快速增加你的閱讀速度。手的動作也有助於克服一些會讓你的閱讀速度慢下來的習慣——像是在視覺上後退觀看或是重複觀看你覺得有興趣的部分。發生視覺後退狀況時，你的眼睛會一再回去閱讀已經讀完的單字或句子。這種

【用你的手來輔助閱讀】

情況發生時，就好像有人在你腦裡大叫：「那隻……那隻狗……那隻狗吃……那隻狗吃骨頭。」有趣的訊息會讓人感到愉快，我們的頭腦會渴望得到這種樂趣。如果你讀到的部分很好玩、或是你很有興趣，那你就會受到引誘，很想再度體驗這種樂趣。不幸的是，如果這樣做，就會犧牲了你的閱讀速度。

只要在閱讀時，正確使用你的手，這種視覺後退、以及重複閱讀相同資訊的這種誘惑，就可以很快克服。在交響樂團裡，指揮家用他的指揮棒協調所有音樂家。速讀時，你的手則扮演指揮棒的角色。它們可以引導你的眼睛快速掃過一整頁文字。一開始，你可以學會下面這兩種很簡單的步驟，利用手的動作來增加你的閱讀速度：

❶把手指放在一行文字的起頭，很快把手指移動到這一行最右邊或最下方。

❷確定你的手指從這一端移動到另一端，並以這種方式讀完一整頁。

有3種方法可協調你的眼睛和手的動作：

❶手放在你的焦點前，引導眼睛讀完一整行。

❷手放在焦點後，推動眼睛讀完一整行。

【用你的手來輔助閱讀】

❸焦點直接對準你的手，讓手在文字下面畫線。

多做幾次實驗，找出覺得最適合你的位置。

現在你已經學會用手控制眼睛的行動，接下來就可以開始大幅增加閱讀速度。下面是長度4分鐘的簡單練習：

❶設定好鬧鐘，每1分鐘響1次。

❷以最高的理解率快速閱讀1分鐘。

❸增加1倍的理解率，再快速閱讀1分鐘。在這1分鐘裡，你將無法完全理解文字的意義，但將會刺激頭腦更加努力工作，如此一來，在第4分鐘時，就可以讀得更快。

❹增加到3倍的理解率，快速閱讀1分鐘。同樣的，在這1分鐘裡，你將無法完全理解文字的意義。

❺以最高的理解率閱讀。很神奇的，你將會讀得更快——並且能夠完全理解你讀的是什麼！

032 做出明智判斷

史坦利．卡普蘭 STANLEY H. KAPLAN

史坦利．卡普蘭是卡普蘭補教公司創辦人，

想想看，你這輩子做過多少明智或是不怎麼明智的判斷。我們經常都是根據有限的資訊來做決定。我針對各種考試研發出來的那套研判技術，也同樣適用於眞實生活，並可以做出明智決定。以下是教你如何做出正確判斷的一些簡單規則。

排除明顯錯誤的判斷

要做出正確判斷，首先要排除很明顯的錯誤選擇。假設你正在思考要送什麼禮物給你太太的親戚，祝賀他們結婚40週年紀念。雖然你對他們的個人品味和喜愛所知不多，但還是可以排除很多選擇。饒舌歌手演唱會門票和烤麵包機可能就是不好的選擇。既然他們已經老得足以慶祝結婚40週年，可能就不會喜歡目前的流行歌曲，而且，這幾年來他們一定已經收到過很多別人送的烤麵包機，現在可能都還原封不動地被堆放在他們家的貯藏室裡。排除錯誤選擇，是做出正確決定的第一步。

細心觀察

你在機場碰到一位舊識，但想不起他的名字。在隨便亂猜之前，先找找線索。例如他手提箱的行李牌上可能就寫著他的姓名，或至少是他姓名的英文縮寫。注意這些小細節，否則你很可能會失禮。

留意過去的經驗

過去發生的情況，經常就是將來可能發生情況的最佳指標。如果你最喜歡的那家餐廳在上個週六晚上大爆滿，因爲它隔壁的電影院剛散場、有大批人潮湧出，那麼，這個週六晚上的情況也會差不多。注意過去發生的情況，那麼，今天就會做出更聰明的決定。

凡事簡單化：最簡單的解釋，通常就是正確的

已經到了5月底最後的報稅期限，但國稅局卻通知你，他們還未收到你的報稅資料，但你很確定早就寄過去了。雖然你可能會想像，是你的商業競爭對手中途攔截了你的郵件、企圖讓你來不及報稅，而讓你惹上麻煩；但事實上，最有可能的是，郵局或國稅局把你的報稅資料郵件弄丟了，或送錯地方。在產生懷疑的時候，不要胡思亂想，以免想出一些稀奇古怪的答案。最簡單的答案，通常就是正確的答案。

【運用刪去法跟你的常識吧】

運用你知道的普通常識

你知道的，通常比你想像的多。即使是最基本的事實，也會對你大有幫助。如果現在是4月，你在一個大學城裡，想找個安靜的地方和一位朋友見見面、喝喝酒，很明顯的，最好找一家離大學比較遠的酒吧，而不是走進就位在大學校門口正對面的那一家。只要你記住，到了夏天，大學就空無一人，因此，若是在6月，最安靜的酒吧反而是最接近校園的那一家。「普通常識」可以帶給你最大的幫助。

百分之百肯定，在日常生活中是很罕見的。我們經常在胡亂猜測，所以，能夠根據有限資訊做出最正確判斷，才是我們應該學會的。

033 說故事

伊拉・葛拉斯 IRA GLASS

「伊拉・葛拉斯，公共國際電台「美國生活」（This American Life）節目主持人兼製作人。

故事的一開頭，就先撒下一個煽動性的誘餌。這可以是一個很具創意的想法、預告即將來臨的大行動，像是：「幸福的家庭全都是一個模樣，但每個不幸福的家庭都有屬於它自己的不幸故事。」如果你是人類有史以來最偉大的作家之一，也許可以發明出這樣的開場白。但如果你跟我一樣只是個平凡人，那麼，不妨來個有創意、活潑、卻又多少有點眞實性的點子：「對於工作得很不愉快的人，這個社會對他會有所補償的。」或是：「跟你一樣，我已經厭倦了網際網路。」

故事開場白，還有另一種比較容易的方式，就是直接陳述行動：「我們來到沙漠邊緣附近時，藥效就開始發作了。」「昨晚，夢到我又到了羅馬。」「瑪萊一開始就死了。」這都是很經典的開場白。一開始就是具體行動，接著一幕接一幕上場。

記住，基本上，故事就是由一連串動作連結而成。先是發生這件事，接著，發生那件事，再由那件事引出另一件事。只要正確掌握，光只是這樣的動感，就會讓聽眾一直感到興趣，因爲這會讓他們覺得故事會一直發

【有趣的小細節與新題材，誰會沒興趣】

展下去。還有，像這樣子敘述一連串的事項或行動，會很自然地引起聽眾產生一些疑問：在羅馬發生了什麼事？瑪萊是誰？而還沒有得到答案的問題更是吸引人的誘餌，會讓聽眾更加深深沉醉在你的故事中。

細節要說得很詳細。出人意外、敘述性的細節，就是聽故事的樂趣之一。大衛・西達里斯（David Sedaris）在敘述美國小孩子到希臘參加夏令營的故事時，會解釋說，他們會到禮品店去，順手牽羊偷些「很小的花瓶、小人鞋、咖啡杯」等，這些東西上面都會寫著「斯巴達情人」的字樣。在任何作品裡，寫得愈多、愈詳細、愈有趣，就愈吸引人。對於你覺得好玩、感人或有趣的情節，多多描述。但如果找不出任何好玩、感人或有趣的情節，拜託你，絕對不要編造出來。

故事要說得好聽，技巧就在於要能夠知道，什麼時候應該讓情節持續進行下去、什麼時候應該停止敘述，或者，什麼時候應該做個小小的評論，或稍稍離題一下、說些有趣的相關話題。有很多種故事，你在說到一半時，就會想要暫時停止敘述故事的情節，並且談談這個故事的意義在哪兒。這可以是故事中的主角來段反省，也可以是你——說故事的人的觀察或評論。

在大部分故事裡，我們會聽到某人經歷到什麼事情，並因此讓他們對這個世界產生新的觀感——通常指的是故事中的人物，但有時候則是我們自己。有時候，這種新觀感可以直接陳述出來；有時候，則是由我們觀察到故事中人物在故事進行中產生改變。故事一開始時，我們聽到這些人的行動，與現在他們的表現則有點不同。如果你的故事裡沒有任何人有所改變，或是沒有人學到任何東西，坦白來說，這可能不算是一篇故事。

這只是故事的基本素材，接下來則是故事的品味。品味的重要性超過一切，你說了些什麼情節、觀察到故事人物的哪些事項，以及你對這個故事所做的結論，這關係到故事品味。好的故事和普通的故事，其中的差別，就在這兒。

最後，故事應該充滿驚人的情節，並且會讓人對這個世界產生一些驚人的新觀感。某個故事聽起來不吸引人，主要是因爲它的情節不是新的；或者，它讓人覺得很虛假；或者，它根本就不是值得討論的題材。請避免這樣的故事。

034 背景調查

泰利．蘭茲勒 TERRY LENZNER

泰利．蘭茲勒是「國際調查集團」董事長。他曾經是美國參議院水門案委員會助理首席顧問，曾發出第一張國會傳票給一位美國總統。

場景：你需要知道某個人的相關資訊，因為你、一位很親近的親戚、或是一位朋友，正考慮要和這個「某人」結婚。或者，你正和人談一筆生意，需要知道對方的背景、信譽和誠實度。

解決方法：經由以下步驟進行研究。

❶ 第一步：網路

網路是獲得個人資料最快速、最省錢的方法，先從網路的搜尋引擎「Google」開始。你可以在「Google」的搜尋列裡打進某人的姓名，「Google」就會列出跟這個姓名有直接關係的一些網路資料。如果是很常見的姓名，你可能必須再加上額外的搜索條件，像是出生日期或居住地。

❷ 問人

不要羞於向別人打聽跟某人有關係的身家資料，像是教育、工作、出生日期和地點，以及服役狀況。這些問題可以很巧妙地加入你和別人的交談中，如此就可打聽到你想要知道的資訊。這種打聽方式需要很有耐心和持續不間斷。記住，好的調查人員應該也是很好的聆聽者。

❸ 回到學校

學校是調查一個人額外資訊的重要來源。例如，校友會雜誌經常會提供一些校友的個人、工作和其餘相關資訊。學校的校刊和年鑑也很有幫助，可以用來找到調查對象的同學、隊友和室友，這些人都有可能提供有關這位被調查對象更多的資訊。

❹ 專家

如果你的調查結果會關係到生活上的重大改變或是商業決策，那麼，你也許該考慮找一家有信譽的專業調查公司。一位有執照的調查人員可以合法使用一百多種資料庫。這些資料庫可以提供有關個人的各種資訊，包括所有的地址、鄰居名單、財產質押權狀況、破產紀錄、前科紀錄、新聞報導、法律訴訟、管束行動、判刑和財產資料——包括汽車、遊艇，以及各項就業資訊。

❺ 訪談

你調查出來的事實，並不一定都是黑白分明那麼明確，反而經常會是灰色的，難以明確判定是眞是假，讓人更難以根據這些調查結果做出決定。你的調查人員或是你自己初步調查所接觸的那些人，可以幫你解答尚未得到答案的一些問題。但首先，必須盡量找出這些受訪者的個人與專業經歷，以及他們和被調查者的關係。你當然不希望受訪者的偏見或是蓄意欺瞞，影響你做出的決定。

❻另外的消息來源

訪談結束前，你或你的調查員應該詢問受訪者，是否可提供另外的消息來源，看看還有誰可能擁有一些相關訊息，以及這些人的地址和他們跟這次調查的關聯性。你還應該問問這些受訪者，他們覺得還有什麼想補充的，才能讓這次調查得到完滿答案。

❼成功的訪問者

做一個耐心的聆聽者，但要保有好奇心。訪問過程中，發揮本能，這將會幫助你了解對方的身體語言，並發現、打擊對方意欲隱瞞事實的企圖。1973年水門案調查期間，我不知不覺養成對身體語言、臉部表情和說話語調特別敏感的本能，這對我幫助極大，經常在詢問過程中指引我，因而終使對方承認犯下不當和非法的行動。

035 傳達壞消息

羅伯·巴克曼博士 DR. ROBERT BUCKMAN

羅伯·巴克曼博士，醫師、哲學博士、瑪格麗特公主醫院腫瘤科醫師、多倫多大學醫學系教授，他同時也是德州大學安德森癌症中心兼任教授。他著有14本著作，包括《我不知道該說什麼》（I Don't Know What to Say），以及《如何轉達壞消息：醫療專業人員指南》（How to Break Bad News: A Guide for Health Care Professionals）。

把壞消息告訴別人，這幾乎一直都是困難、尷尬和痛苦的經驗，對傳達消息和被告知消息的人來說，都是一樣。身為腫瘤科（癌症治療）醫師，我經常必須向病人告知壞消息。在跟一位同事的配合下，我已經發展出一套策略，稱之為「SPINES」的策略，這讓我在傳達壞消息時可以更容易和更有效果。

成功傳達壞消息的秘訣，不在於你怎麼說，而在於你如何聆聽及如何回應別人。「SPINES」策略的6個步驟，包括「場合」（Setting）、「感受」（Perception）、「開場白」（Initiating）、「說明」（Narrative）、「情緒」（Emotions）和「策略與結論」（Strategy & Summary）。

第一步就是安排場地，盡可能讓被告知者覺得舒服自在。坐下來，創造出隱私氣氛（關上房門、關掉電視等等）。接著，盡全力確定對方有什麼感覺，或懷疑些什麼——評估他們對眼前情況的感受。他們是否很擔心？他們是否已經猜到有什麼不幸的事情發生？或者，這項壞消息會讓他們大吃一驚？

對眼前情況評估的結果，對你的下一步——開場白很有幫助。你將說些什麼，決定於你個人的風格，以及你和對方的關係。如果你即將宣布的消息是對方事先沒有預料到的，也許可以這樣說：「很抱歉，我必須告訴你……」或是「醫院方面剛剛打電話給我，發生了意外……」或是「我剛跟你的主治醫師談過……」。

接下來的2個步驟必須同時進行：向對方說明發生了什麼情況，同時針對他們的反應與情緒，做出回應。說明，就是解釋到底發生了什麼事。在說明過程中，你必須注意及回應對方的情緒反應——在很多情況下，這都是最重要的溝通程序。如果能夠對別人的情緒做出很好的回應，那你就是高明、有效率的溝通者，甚至即使其他步驟和過程做得並不完美，也沒有關係。

感受與回應別人的情緒，最實用和最有效的方法，就是一種所謂的「移情反應」（empathic response），這包括3個步驟。

❶ 先判定對方出現的情緒是什麼——可能是震驚、不敢相信、憤怒、恐懼、沮喪，或是同時出現以上任何或其他多種情緒。

❷ 找出對方這種情緒反應的原因或來源——在這種情況下，幾乎都是因爲這項壞消息引起的。

❸ 把第一和第二步驟結合起來，這就是你應該做出的反應。

例如，如果你要傳達的是意外或甚至死亡的消息，你的「移情反應」就很簡單了，可以直接就說：「這消息眞的很可怕、令人震驚。」可以再補上一句同情的話：「這眞是令人震驚的消息，我替你感到難過。」但重要的是，一開始就要表現出移情反應——讓對方明白，你已經了解和同情對方這時的情緒。

最後一步就是說明你接下來打算怎麼做。提出一個實際、合理的計畫，包括明確指出接下來會發生什麼狀況，以及你下一次會在什麼時候和對方聯絡。不管你提出來的計畫有多簡略，那並不重要——最重要的是，一定要實踐你的諾言。

運用這套「SPINES」策略，你將可以在別人最難過的時候，提供他們最大的幫助。

【除了展現誠意，也要能夠負起責任才行】

036 道歉

畢佛利．安格爾 BEVERLY ENGEL

畢佛利．安格爾，精神治療師，著有15本自我幫助的書籍，包括《道歉的力量：轉變你所有人際關係的治療指南》（The Power of Apology: Healing Steps to Transform All Your Relationships）。

道歉，並不只是說聲「我很抱歉」。道歉時，我們必須向對方承認，我們做了一些事情，可能對他們造成傷害或有造成傷害的可能。我們向他們、也向我們自己承認，我們做錯了。

雖然說，在道歉之後，我們會感到心情好一點，但在每個人心裡，也有一股同樣強大的相對力量，致力保護我們的自我、尊嚴，以及小心建立起的外在形象。我們之所以會對是否要道歉一直猶豫不決，就是因爲這樣做，等於是承認我們並不完美，而且容易犯錯。道歉，就是要擺脫我們的自傲，承認我們的缺點。

有時候，是因爲擔心可能發生的後果，而使得我們不願意道歉。很多人擔心，如果他們道歉，可能就會遭到排斥；也有人擔心，他們如果道歉，將會有危險，失去別人對他們的尊敬，或是，使得他們的名譽受損；有人還擔心會受到報復。但也正因爲道歉會帶來危險，這才使得道歉更有意義。道歉是重要的社交禮儀，需要勇氣、人性和技巧。

關於如何進行溝通和做出有意義的道歉，我提出一套「3R」公式：

【除了展現誠意，也要能夠負起責任才行】

後悔（Regret）、責任（Responsibility）和補償（Remedy）。

後悔

爲了讓接受道歉者認爲你是誠心的，你必須表達出後悔的意思，後悔造成對方的不便、傷害或損失。這包括對別人的感覺表示深有同感——承認你了解你的作爲（或是未採取行動）一定對他（她）造成什麼樣的影響。向對方表示你能夠體會他（她）的心情，在道歉過程中，這是最重要的一部分。當你眞正表示深有同感時，對方一定會感受到。你的道歉將會像香膏一樣沐浴他（她）的全身。

責任

你也必須表達，願意負擔你的作爲帶來的責任。這表示，你不應該把責任推到別人身上，也不要爲你的行動找藉口。相反的，你應該對自己的所做所爲，以及隨後產生的後果，負起完全責任。

補償

最後，你應該再表明，你很願意採取行動來補償眼前的情況。這可能包括，保證不會再犯同樣的錯誤，或是答應賠償你所造成的任何損失。

道歉，最重要的兩個重點：你的意向和態度。對方會不會接受你的道歉，以及你是否能夠因此恢復你的名譽，決定於你的道歉是否是誠心誠意，並且表示出後悔之意，以及願意負起所有責任。

【演講與聊天的共通點是，應直視對方眼睛】

037 公開演說

詹姆斯．華格史塔菲 JAMES WAGSTAFFE

詹姆斯．華格史塔菲，美國憲法第一修正案律師、史丹佛大學教授，在丹大教授「實用口語傳播」。他著有：《征服全室：如何接觸聽衆，引起注意》（Romancing the Room: How to Engage Your Audience）和《公開演說成功》（Speak Successfully in Public）。華格史塔菲還在史丹福就讀時，就曾經獲得全美大學演說冠軍。他也是《洛杉磯日報》和《舊金山日報》的專欄作家。

想要讓你的演說很吸引人，有幾項必須遵守的規則。想要讓房間裡所有人都注意聽你的演說，你必須把這些規則列爲必要條件：

❶ 好的演說者永遠不說抱歉

我們在展現溝通技巧時，常會一開頭就表示歉意。不要這樣做。溝通者如果做出這樣的道歉，那就表示他們對自己，以及對他們的演說內容缺乏信心。溝通者先表示道歉，這表示他們可能擔心自己的演說會失敗，並讓人覺得不安，所以，他們就先給自己打了很低的「分數」。這好像是在別人打開你送的禮物之前，你就先說：「收據就在盒子裡。如果你不喜歡這份禮物，不用客氣，請把它退回。」因此，要對你挑選的禮物及包裝顯示出信心。注意，如果不小心造成傷害（例如，無心的疏忽），或是沒有實踐你的承諾（例如，你到演說場地時遲到），那倒是需要道歉的。

❷開始像盲目約會般放電

任何約會的前30秒都很重要。任何參加過盲目約會的人都知道，最重要的是一開始的招呼。同樣的，如果我們想在一開始就迷倒全場聽眾，那就要想法子讓聽眾留下很好的初步印象：

- 照照鏡子！你的頭髮是不是很亂？絲襪是不是有破洞？也許牙齒縫裡還卡著什麼東西。
- 先來個哄堂大笑！第一印象的效果很容易看得出來，如果聽眾哈哈大笑、滿堂喝采，或者看來身心都很投入，那你已經贏得他們的好感。
- 解答聽眾的疑問，「爲什麼他們應該聽你演說？」在引起聽眾的注意之後，讓他們知道你今天的演講主題，讓聽眾有理由繼續聽下去。

❸迷倒蒼蠅——直視他們的眼睛

我的一位朋友可以「迷倒一隻蒼蠅」。他是這麼做的：在一個房間裡，有隻蒼蠅在他身邊飛來飛去。他靜靜站著不動，兩眼直視那隻蒼蠅，結果眞的把那隻昆蟲催眠了。它落在地面、不再叫個不停，我這位朋友慢慢走過去，打開手掌。接著他輕輕合起手掌，抓住那隻蒼蠅，走到屋外，

【演講與聊天的共通點是，應直視對方眼睛】

張開手，讓蒼蠅飛走。

你必須像迷倒蒼蠅那樣迷倒你的聽眾。演講人一定要直視聽眾的眼睛，來個禪式接觸，直接吸引聽眾的注意力。聽眾就會不像蒼蠅那樣在心理上或身體上「飛來飛去」，而會全神貫注聽你演說。盡量和更多人進行這樣的身心接觸，越多越好。

❹替演說增加變化

迷人吸引力的反面就是沈悶。想要對抗單調（以及失去聽眾的注意力），一定要讓演說內容有變化，讓你和聽眾能夠持續保持良好的互動。這表示，你的聲調要有變化，同時要舉出很多例子來支持你的論點。這樣的多樣變化將會產生如萬花筒般的多樣反應。在演說中加點料，吸引聽眾不捨得漏掉你說的每一個字。

❺在聽眾預期你結束之前結束——提早休兵

最後印象十分重要。當然，你會想要確保他們會一直聽完你說的最後一句話！爲了增加演說成功的勝算，你一定要採取「提早休兵」的策略，在聽眾預期你演說結束之前結束。不要忘了這一招！

• 把握演說時間長短：在演說前，聽眾大概都已經知道你將會演說多久時間。所以，你的演說時間應該比聽眾預期的稍微短一點。超過預定的時間，會讓聽眾對你產生不好的印象，這也是超過演說時間將導致的最大懲罰。不管你講得有多精采，只要超過預定時間，聽眾都會覺得你講得太久了。

● 注意聽眾注意力集中的時間：最重要的是要一直注意，聽眾的注意力是不是還集中在你身上。不要因爲時間拖太長而失去聽眾對你的注意力，如此一來，在整個演說過程中，你都會一直擁有你對聽眾的吸引力。

Home Life

家庭生活

038 讓支票簿收支平衡

泰利·薩瓦吉 TERRY SAVAGE

泰利·薩瓦吉是芝加哥《太陽時報》個人理財專欄作家，著有《金錢的真實面》(The Savage Truth on Money)。

讓支票簿收支平衡，就如同平衡你的生活。你用不著一定要這樣做。可是一旦能夠控制自己的金錢——或生活，你就有更好的機會來得到你想要的。讓支票簿收支平衡，目的就是要確定你的支票收支紀錄和銀行的紀錄一致，同時，也是要追蹤你把錢花到什麼地方，以及你還剩下多少錢。

目前，幾乎所有銀行和金融機構都有提供網路付款服務。但如果你還是堅持用支票付款，便要確定把開出去的每張支票都紀錄下來，然後再檢查這些支票的清償情況，最後和銀行的帳單做個比對。這些工作很單調，但卻是財務管理的必要工作。

按照號碼把支票整理好，接著，在支票簿上做記號，證明每張支票都已經由銀行付清。如果有哪張支票還未付清——就是你已經開出去，但拿到支票的對方還未把它軋入銀行，那你必須把它從收支平衡項目中移除。因爲總有一天，它會被送進銀行的，所以你必須在銀行戶頭裡留下用來支付這張支票的錢，以免到時造成你的銀行戶頭存款不足。

好了，準備換一套更好的收支平衡辦法嗎？你將會很驚訝地發現，只

【隨時搞清楚你的錢到底去了哪裡】

要在你的網路銀行上付清你的帳單，就可以省下很多時間、金錢和心理負擔。這很容易、安全，而且從不會因為逾時付款而被罰款。此外，銀行會自動替你管理支票存款，並替你平衡收支。

以下教你如何在線上付款。只要連上你的金融機構的網站，上面一定有按鍵，只要按下去，就能夠得到想要的資訊，以及接受你的線上付款申請。一旦設定好密碼，就可以獲准進入高度安全的銀行轉帳網路世界，每天都有幾兆美元的金錢在裡面流通。他們不會把你忘了。也沒有人能夠從你的支票帳戶裡把錢提走。百分之百保證。如果你擔心在網路世界裡迷了路，每家銀行都有免付費服務電話，有多位受過專業訓練的服務人員可以指引你如何展開網路銀行業務之旅。

首先，拿著你那一堆即將得付清的支票，以及你必須塡寫的收票人姓名與地址，還有你與對方的帳號。你可以付款給大公司，像是你的信用卡費用、水電費、電話費或是房屋貸款。但你也可以付款給任何人——包括那個你欠她錢的妹妹，或是替你除草的小弟。如果他們並未在網路上開戶，無法經由網路收到錢，銀行就會印出一張紙支票，郵寄給他們。

在你完成第一次支付支票的設定之後，銀行電腦就會記住你的支票受款人的姓名、地址，以及你的帳戶號碼。下一次，你收到帳單後，只要點一下對方的姓名，就可從你的帳戶裡付掉這筆錢。

最好康的是，銀行會建立屬於你自己的網路支票登記，還會自動幫你扣款、幫你的支票簿做收支平衡，讓你看清楚，哪一張支票已經付清，哪一張還沒有。任何時候，只要進入銀行網站，就可以獲知目前的最新情況，這就好像從銀行櫃台看過去、看到銀行職員的電腦螢幕。

能夠立即掌握你金錢的最新流向，是控制你個人財務——以及實現財務目標的關鍵。

【把找回的零錢全部存起來】

039 存錢

蘇西．歐曼 SUZE ORMAN

蘇西．歐曼的著作很多，包括《金錢法則，生活的功課》（The Laws of Money, the Lessons of Life）。她是CNBC電視台的個人金融編輯，並且是CNBC「蘇西．歐曼秀」主持人。歐曼也是《歐普拉》雜誌的特約編輯。

我的朋友們，存錢這件事其實沒有什麼神奇之處。存錢的最佳方法，就是不要花錢。但我知道，說來容易，做起來很難。養成存錢習慣，就好像上健身房——我們都知道，運動對我們很好，但卻很難養成定期運動的習慣。

我把健身這項重大挑戰留給另一位專家，現在只專心傳授你一套戰略方針，讓你可以成爲一位精明的存錢者。存錢最好是一點一點地存。就如我最喜歡說的：「財富是從一個零一個零這樣累積起來。」只要遵照我的計畫，你就會成爲一名有成就和富裕的存錢者。

祕訣就在這兒：從今天起，絕對不要把你的零錢花掉。只要一次存一毛錢，我們將讓你成爲一名成功的存錢者。也許這對你來說，有點低層次，但請相信我，這十分有效。就像你走進住家附近街轉角處一家商店，買了4.25元的雜誌，你給店員一張5元鈔票。我要你把找回來的0.75元存起來。你可以在錢包或皮包裡規劃一個地方，專門用來存放零錢（那種老式的存錢筒也可以）。

【把找回的零錢全部存起來】

在你開始轉動眼珠子、對這些簡單的法子表示疑惑之前，不妨先試試看。我已經要很多人試過我的零錢儲存策略，他們平均1個月大約存30到60美元。我知道，這看來並不表示你就要成爲富翁。但你的下一步就是要拿著你每個月存下來的零錢，去進行投資，最好是去買免稅的退休基金。如果你至少還有10年的規劃期，我建議你去買低價的互動基金，像是一些股市基金。長遠來看——我們談的是幾十年，而不是幾個月，美國股市的年平均成長率大約是10%，根據我的零錢策略，只要你1個月可以投資50美元，假設1年可以有10%的平均收益，30年後，你的這個投資帳戶可以成長到113,024美元；如果你能撐到40年，這個戶頭裡就有316,204美元。還不賴，對吧？

如果能採取更大膽的計畫，你的存款數字將更爲驚人。看看你能不能把1塊錢的美元鈔票全部存下來。我敢打賭，1個月至少可以存下75美元的鈔票。把這些1美元鈔票拿來投資，以1年10%收益來計算，40年後就可以有474,306美元。而你只不過是把每次找回來的1元鈔票存起來，竟然就能夠擁有近50萬美元的存款！這就是我對存錢的一點淺見。

【愛牠，稱讚牠，花時間陪牠】

040 了解你的寵物

華倫．艾克斯坦 WARREN ECKSTEIN

華倫．艾克斯坦，NBC「Today」節目的寵物與動物顧問，他也是「李氏夫婦現場秀」（Live with Regis and Kathie Lee）的動物專家。他有11本著作，包括《如何讓你的貓聽從你的命令》（How to Get Your Cat to Do What You Want），以及《如何讓你的狗聽從命令》（How to Get Your Dog to Do What You Want）。

幾十年前，寵物大部分時間都待在戶外，而且，一般家庭寵物都取這樣的名字：國王、王子、公爵或絨毛；今天，最常見的家庭寵物名字則是鮑伯、哈理、莎莉、蒂芬妮或蘇西。這種家庭寵物命名人性化的趨勢，反映出人們對他們的毛絨絨夥伴看法的改變。寵物不再被看作只是動物——寵物現在是我們家庭裡親愛的一份子。事實上，今天更常見的情況是，這些四條腿的家庭份子住在屋內，而且，在絕大多數家庭裡，牠們甚至睡在家人的床上。在某些城市裡，「寵物所有人」這個名稱，已經改成「寵物監護人」，這顯示了寵物的地位已經大爲提高。

因爲我們已經把寵物帶進人類的生活環境裡，我們不再只把牠們當作動物，並要牠們像人類那樣做出反應。爲此，我們一定要學習如何把牠們融進我們的生活裡，並幫助牠們成爲人類生活風格的一部分。例如，在交談、活動與外出時要把牠們包括在內；在就業計畫，甚至進行運動計畫時，把牠們列爲你決策過程的一部分。只要你以愛心和尊重對待你的寵物，你的寵物也將以積極、令人驚訝的方式回應。

寵物，就跟人一樣，你替牠們塑造什麼樣的形象，牠們就會努力去實現這個形象。根據你寵物本身的能力，對牠們賦予很高的期望，牠們爲了取悅你，就會拼了全力去努力；相反的，如果你不斷告訴牠們，說你對牠們的行爲有多麼失望，或是不管牠們本身的能力、只是一昧要求牠們滿足你要求完美的需求，那麼，你將會撕裂牠們的自信心，使得牠們不可能相信你，更重要的是，牠們也不會相信牠們自己。

想要培養出一隻有信心的寵物，以及一隻表現良好的寵物，最好的法子就是花更多時間專注於牠們做對的事情，而不是牠們做錯的事。最重要的是，給你的寵物一個明確的影像，讓牠們知道，到底什麼事情能夠讓你快樂。我們全都知道，寵物很願意取悅牠們的主人——因此，當牠們做出錯誤的行爲時，你難道不會認爲，可能是牠們的主人發出錯誤的訊息嗎？

在這方面，全家人的作法必須一致，這一點十分重要。例如，有位婦人打電話到我的廣播節目，向我表示，她很討厭她的狗跳到沙發上。但在另一方面，她的丈夫卻告訴我，他很喜歡狗兒和他一起坐在沙發上，緊靠著他。我正在等待他們的狗兒發來一封電子郵件，說：「嗨，華倫，這不是自相矛盾嗎？」

另外一個例子是，某位婦人不斷抱怨，當她打電話時，她的貓兒就會打擾她。想想看——屋裡沒有別的人，而這位婦人很顯然正在和別人說話，貓兒會認爲她正在跟誰說話呢？

【愛牠，稱讚牠，花時間陪牠】

我們必須了解，寵物也有情緒，對於新的狀況也需要時間去適應，這些狀況包括家裡有小寶貝誕生、祖父母搬進來同住、小孩上了大學，甚至是夫婦離婚。

你給了寵物什麼，寵物就會給你什麼。最重要的兩個因素是環境和家人跟寵物的互動。換句話說，在影響你寵物的個性、智慧與脾氣方面，你的家人扮演很重要的角色。所以，不要忘了給你的寵物一個擁抱和親吻。

041 照顧室內盆栽

傑克・克拉默 JACK KRAMER

傑克・克拉默是植物專家，有多本著作，包括《輕鬆照顧室內盆栽》(Easy-Care Guide to Houseplants)。

今天，室內盆栽的重要性，已經有如家具。雖然種植植物的方法有很多種，但要把它們照顧得很健康，卻只需要遵循以下幾條規則。

基本需求

植物需要水、光線、養分和合適的溫度，以及最重要的是，細心觀察。不要太過操心你的植物，但要細心照顧它們。植物會表現出來它們是否快樂。健康的植物擁有質地良好、顏色青綠的葉子、挺直的樹幹，以及一般看來很有生氣的外表；葉子掉落、枝幹不整齊，代表這棵植物在眼前的環境中活得不快樂。

植物種類很多，重要的是，要挑選那些能夠適應你居家環境的植物。選購的植物要能夠適應你所能提供的環境，而不是你去改變住家環境來適應這些植物。以下列出一些適應力比較強的植物，它們大多能夠適應一般住家的溫度，例如，華氏58度到80度（攝氏14度到27度）：

【絕對不要依賴自動澆水系統】

- **天南星科**（Aroids）：粗肋草（Aglaonema）、姑婆芋（Alocasia Macrorrhiza）、火鶴（Anthurium）、黛粉葉（Dieffenbachia）、蔓綠絨（Philodendrons）、黃金葛（Scindapsus）、合果芋（Syngoniums）。
- **觀賞鳳梨**（Bromeliads）：擎天鳳梨（Guzmania）、鳥巢鳳梨（Nidularium）、藍寶石（Neoregelia）、狄氏鳳梨（Tillandsia）。
- **蕨類植物**（Ferns）：鐵線蕨（Adiantum）、檳榔（Areca Catechu）、孔雀椰子（Caryota）、貫眾蕨（Cyrtomium）、棕竹（Rhapis Humilis）。
- **蘭花**：嘉德麗亞蘭（Cattleya）、石斛蘭（Dendrobiums）、樹蘭（Epidendrums）、文心蘭（Oncidium）、蝴蝶蘭（Phalaenopsis）。

土　壤

大多數人都很擔心，要如何找到合適的土壤來栽種植物。不要擔心，幾乎任何一般購買得到的普通包裝的土壤，都適合大部分家庭盆栽使用。要確定的是，土壤要濕潤、聞起來有泥土的香味，而且摸起來有顆粒感，像是烤好的馬鈴薯。同時也要有氣孔，讓水能夠滲透進去，而不積聚在上層土壤裡。

容　器

事實上，任何容器都適合用來栽種植物，但基本上，老式未上釉的陶

【絕對不要依賴自動澆水系統】

質花盆最適合，因爲它的顏色可搭配大部分的家庭裝潢，而且，未上釉的陶質花盆可以讓水從花盆四周慢慢蒸發出去，如此一來，植物就永遠不會覺得悶熱。

移盆

從花店或市場買了盆栽，回到家裡後馬上把它移到別的花盆。原來花盆裡的可能不是合適的土壤。把裡面的填充物或土壤換掉，換成前面提到的粉狀好土壤。

施肥

不要費神去找特別的植物肥料。一般家庭用的肥料就很適合大部分植物。唯一要注意的是，按照包裝上的說明來施肥。

澆水

不要替植物澆太多水。在沒有最佳生長環境下，植物是無法忍受大量水分的。讓土壤保持均匀的濕度。如果想要測試土壤濕度，把手指插入土中1吋深（20.5公分），如果覺得濕潤，那就不要澆水。但是，也不要讓土太乾了，那就會形成厚厚一層乾土，使水無法滲透進去。春天和夏天的時候，大部分植物應該一週澆個幾次水；秋天和冬天時，每週只要澆一次。

陽光

跟一般認知正好相反的是，大部分植物並不需要陽光直射，因爲陽光會燒壞樹葉，植物喜愛的是過濾或稀疏的陽光。因此，靠近窗戶、而且窗戶還裝上紗窗的區域，是擺置綠色植物的極佳位置。

昆蟲

幾年前，昆蟲是大家最擔心的問題，但今天已經沒有這種困擾。大部分植物都沒有昆蟲害。只是偶爾會出現水蠟蟲、白蜘蛛或薊馬科害蟲，它們會攻擊不健康的植物。去買供一般室內盆栽使用的殺蟲劑，少量使用。不要購買強效粉狀殺蟲噴劑，因爲它們含有不好的化學劑。有些有機配方，像是用布沾點酒精，可以除掉蚜蟲，而火山灰可以除掉水蠟蟲。

成功秘訣

❶大約每個月修剪1次植物。除掉枯死的葉子和枝幹，剪掉長歪的枝葉。
❷如果某棵植物在某個地方長得不好，把它移動到幾呎外的地方。
❸用一塊濕布擦拭葉子，讓葉子保持乾淨與閃亮。不要使用會讓葉子發亮的藥劑，這會阻塞葉子的毛氣孔，使植株生病。
❹避免使用會讓水緩緩流出的自動澆水裝置，雖然這樣的裝置有很多種。自己親手澆水，如此才能順便觀察植物生長的情況；還有，自己澆水和

【絕對不要依賴自動澆水系統】

【絕對不要依賴自動澆水系統】

照顧植物，對你的健康也很好，這可以讓你接觸到綠色植物和綠色世界。

❺ 慢慢來，欣賞你的植物，若能栽種出健康、美麗的植物，你一定會感到驕傲。我從事這一行已經35年，還是很樂於照顧我的室內盆栽，而且完全不借助於藥劑或配方。

植物是自然生物，天生就有求生的本能。只要具備少許的植物知識和用心照顧，你的植物就可以長得很健康。

【愛你的家人，就是一起多練習幾次逃生路線】

042 災難預防

馬夏．伊凡斯 MARSHA J. EVANS

馬夏．伊凡斯，美國紅十字會主席兼執行長，美國海軍少將退役。

不管你擔心的是颶風或是恐怖攻擊，只要採取以下這些簡單但重要的步驟，就會使你更為安全：

❶ 事先了解，在你的居住地區裡，存在著哪種天然或人為災難可能造成的潛在威脅。不要忘了住家火災——這是最常見的災難。

❷ 和家人討論哪種災難可能會發生，以及採取必要的行動和反應。

❸ 選定兩處家人會面的地點，一處就在你家附近，萬一全家需要撤退時使用；另一處則在你居住的社區外面，以備你們萬一無法回到原來的家時使用。選定一位住在你所居住城市以外的「家庭聯絡人」，在意外發生後，家人可以打電話給這個人，報告各自的情況。意外發生後，市內電話常因忙線而打不通，但一般來說，長途電話線都可以保持暢通。要家裡每個人記住急難會面地點，以及聯絡人的電話號碼。

❹ 家裡每個房間至少要有兩個逃生口。平常就要練習如何逃生，這十分重要。每一年，都有一些家庭因為他們的子女記得平常逃生演練的情況，

【愛你的家人，就是一起多練習幾次逃生路線】

而得以在災難中生還。

❺要求家裡每個人向學校或工作場所索取逃生計畫，並且相互討論。

❻把一些基本物資收藏在貯藏室或家中的避難室裡，萬一你必須撤退或必須留在家裡避難，就可以用得上。把這些物資裝在方便攜帶的袋子裡，像是帆布袋。目標是在沒有電力或水的情況下，可以讓你們一家人生存3天的所有物資。其中一些主要的物品如下：

- 每一個人需要的物資，包括不會腐壞或不需要加熱就可食用的3天份食物、3加侖的水（約3.8公升）、睡袋，以及一些換洗衣物。
- 每一個人還必須準備本身不可或缺的特殊用品，像是嬰兒尿布和奶粉、基本藥物、備用眼鏡等等。如果家裡有小孩子，還必須準備一副紙牌、小棋盤、拼圖、書籍等等，這可以幫助大家打發時間。
- 手電筒和使用電池的收音機、備用電池；急救箱、開罐器、盤子、杯子和廚房用品；基本必備文件的副本。
- 其他要考慮的物品還有：基本工具（包括扳手，可以用來關掉水管）、膠帶、縫衣機、塑膠布、一個小型滅火器、地圖，以及個人及家庭使用的清潔用品。

❼學習如何及何時關掉瓦斯、電力、水和其他公用設備。在瓦斯開關和水龍頭旁邊擺上必要的工具。

❽學習如何讓自己和家人更爲安全：找時間去上課，學習急救、「CPR」（心肺復甦術）、災難逃生。

【小朋友是天生的剷雪選手】

安東尼．馬西佑市長

MAYOR ANTHONY M. MASIELLO

安東尼．馬西佑，紐約州水牛城市長。水牛城是全美國最常下雪的城市之一，曾經四度角逐超級杯美式足球賽比賽場地。

並不是所有的雪都會下得一樣大！下雪的強度有好幾級，各不相同：

- **絨毛細雪**：你可以把它想像成唱著：「我夢想著銀色聖誕」（I'm Dreaming of a White Christmas）的那種美好生活。最大的好處是，這樣的雪，不管是積在人行道、自家車庫前的車道或汽車擋風玻璃上，都很容易清除。
- **普通雪**：想像雪地輪胎的廣告畫面，或是有關雪地巡邏隊的電影畫面。不管是積在人行道、自家車庫前的車道或汽車擋風玻璃上，都很難清除。
- **又厚又濕**：想像刨冰的樣子。這種雪的最大好處是，它是做雪人和雪球的「最佳材料」。
- **冰雪凍**：想像企鵝展示館的情景。這種雪較特殊，自成一類，不和其他種類的雪一起討論。

【小朋友是天生的鏟雪選手】

表演賽

- 1到6吋（20.5～15公分）深的絨毛雪。
- 1到4吋（20.5～10公分）的普通雪。
- 1到3吋（20.5～7.5公分）的厚濕雪。

任何人都可勝任這種簡單任務。這是很好的家庭活動，而且你也應該自己親自下場剷雪。穿暖和點，使用任何普通的雪鏟。工作完成後，喝上一杯熱騰騰的老奶奶熱可可，可以讓你從頭暖到腳。

一般雪季的除雪賽

- 6到12吋（15～30公分）深的絨毛雪。
- 4到9吋（10～23公分）的普通雪。
- 3到5吋（7.5～12公分）的厚濕雪。

這需要其他人參與。穿暖和一點，並使用特製雪鏟，必須有鋼製鏟牙，清除雪堆時，需要用到它。建議喝點熱果汁或其他熱飲。

季後賽

- 12到18吋（30～45公分）深的絨毛雪。
- 9到15吋（23～30公分）的普通雪。

【小朋友是天生的鏟雪選手】

• 5到9吋（12～23公分）的厚濕雪。

這需要找人幫忙！如果你已經結婚，你的配偶一定要到屋外陪你。同樣的，如果有小孩，他們當天很可能放假一天，所以，也要找他們來幫忙。穿暖和一點，但這工作很辛苦，你可能會流汗，所以你的第一層衣物應該是棉質衣物。使用鋼製鏟牙的普通雪鏟就可以，但在這種情況下，老式的煤鏟最爲理想，因爲它們使用起來很方便。工作完畢後，喝點比熱巧克力更強勁的飲料，也許更合適。

超級盃

• 18吋（45公分）、或更深的絨毛雪。
• 15吋（30公分）、或更深的普通雪。
• 9吋（23公分）、或更深的厚濕雪。

希望你的鄰居有輛鏟雪機，而且他還特別樂於助人剷雪。如果不是，那就需要把鄰居所有小孩子集合起來！但這可能要讓你花點小錢。

全體總動員

• 7呎（21公分）深的任何種類的積雪。

打電話請州長派國民兵支援、打電話給國會請求聯邦緊急應變總署（簡稱FEMA）出動援救小組，然後期待春天早點來到！

冰雪凍

這種大雪需要動用額外設備，可能還需要動用外力。如果屋外溫度在華氏20度（攝氏零下7度）左右，那就必須在下雪區域平均撒上岩鹽；如果氣溫太低，更需要使用其他融冰劑，像是氯化鈣。在冰開始融化後，你必須拿一把冰鋤或冰鑿，把冰弄成小碎塊，然後再用一般的雪鏟或煤鏟把它們弄走。

其他有用的點子

- 剷雪就像投票，越早越好。
- 把雪剷到人行道旁、堆成一堆，讓它自然融化。
- 不要太辛苦。慢慢來，如果必要的話，分幾次完成。
- 面紙或手帕是必備品。剷雪過程中，一定會流鼻水。
- 每年耶誕節前後，一定要記得向那位擁有剷雪車的鄰居致謝。

我們最好面對事實。一般中年人的身體是不能勝任剷雪工作的。我也是一樣。只要可能，請把這項工作交給專家處理——就是那些小孩子。小孩的身體夠柔軟、有彈性，而且夠天真，覺得你付給他們的那筆微薄工資，值得做爲事剷雪工作的交換報酬。

【第一時間處理，便可去除大部分污漬】

044 除去衣物污垢

琳達・柯布 LINDA COBB

琳達・柯布，清潔王后企業（Queen of Clean）創辦人，有6本著作，包括《與清潔王后談髒事》（Talking Dirty with the Queen of Clean）；上過一百多個脫口秀節目，介紹她的除污方法。她也在「自助電視網」（DIY Network）主持她自己的電視節目「與清潔王后談髒事」（Talking Dirty with the Queen of Clean）。

弄髒衣物的是凡人，能除去污點的則是神。如何才能把髒污清除乾淨，則是謎。迅速與正確的處理，是保持衣物清潔無瑕的最好方法。以下一些指導方針可以讓你成爲除污大師。

- 每次使用任何除污劑之前，一定要先在衣服看不到的角落試試看效果如何。
- 從衣物的反面去除污漬。這可以避免你把污漬推進衣料裡，你該做的是把它從布裡推出去。
- 在污點下方墊一疊紙巾，幫助你在工作時吸收污漬。
- 一定要用吸收污漬的方法。絕對不要擦拭污點。
- 在選擇去污產品時，一定要考慮到沾有污點的衣物是何種布料。精細布料，就要使用較溫和的除污產品。
- 趁著污漬才剛染上，就設法去除，這可以使你的除污工作近乎百分之百成功。即使只是先用冷水洗一洗，也可以替你爭取時間，讓你

【第一時間處理，便可去除大部分污漬】

可以在事後找到正確的除污產品。

- 除非確定污漬已經去除，否則絕對不要把衣物丟進熱水或乾衣機。

你的櫥櫃裡有很多清潔及去污產品，其中很多產品都可以當作強效去污劑來使用。

- **酒精**：用來清除草漬，相當好用。
- **氨水**：清除汗漬很有效。
- **碳酸氫鈉**（**小蘇打**）：除臭。試著在1桶溫水裡加進1杯碳酸氫鈉，然後把那些臭氣沖天的運動襪丟進去。浸1個小時，然後把水桶裡的水連同衣物，全部倒進洗衣機內，按照平常的方法洗衣。
- **蘇打水**：這是功能最強的去污劑。可以用在任何布料或表面，再用水處理。在只能乾洗的衣物上也可以使用，只需輕輕拍打即可——但要記得先試再用！衣物被倒上任何液體，都可以使用碳酸氫鈉處理：倒在衣物上，輕輕拍打，就可除去污點。碳酸氫鈉可以防止污點變成永久性的污漬。
- **假牙清潔錠**：最適合用來清潔沾上食物污漬的白色桌巾和有污漬的白棉布。每半杯熱水丟進1錠，讓它溶解。把溶解後的水直接倒在污點上、等上30分鐘左右，然後按照平常方式清洗。

【第一時間處理，便可去除大部分污漬】

- **過氧化氫**：3％的過氧化氫最適合用來除去血漬，尤其是剛沾上去的血漬。如果是很難除去的污漬，半杯的過氧化氫加1茶匙的氨水，可以放心用在白色和不會褪色的衣物上。但記得先試驗一下，然後再使用。
- **檸檬汁**：這是天然漂白劑和消毒水。如果你的白色衣服有污點，在污點上倒上檸檬汁，再將衣物晾在太陽下。洗衣前，再加點檸檬汁，然後按照平常方式洗衣。這對嬰兒奶粉造成的污漬相當有效。
- **嫩肉粉**（Meat Tenderizer，可以讓肉類、牛排軟化）：如果想除去蛋白質類的污漬，像是牛奶、血漬、蛋類等等，在污漬上倒上冷水、噴上未調味的嫩肉粉，放上1個小時，然後用平常方式洗衣。
- **洗髮精**：任何品牌皆可。可以用來迅速除去衣領污漬和化妝品造成的污漬。
- **刮鬍膏**：這是最好用的去污產品之一，因爲它其實是眞正的肥皂泡沫！如果你不小心把飲料潑在衣服（或甚至地毯）上，用冷水把污點弄濕，再加上一點點刮鬍膏，然後用冷水刷洗。即使沒有把污點完全除掉，但至少不會讓污點附著住，所以，你還可以試試其他方法。

045 洗衣

荷樂絲 HELOISE

荷樂絲，《好家政》（Good Housekeeping）雜誌及多家國際大報的專欄作家。她有多本著作，包括《荷樂絲終結衣物髒污》（Heloise Conquers Stinks and Stains）。

洗衣機的洗衣行程按鍵五花八門，各廠牌各自不同，但不出以下幾種：

- **手洗或柔細衣物**：水流柔和，適用於柔細內衣或布料。水流的攪動比其他洗衣行程少。
- **免燙衣物**：適用於容易起皺紋的布料。選用這種洗衣行程，可以減少燙衣次數。
- **標準去污**：適用於不太髒的衣服，大部分布料都適用。
- **強力去污**：適用於粗韌布料，比方很髒的工作服。

❶ 洗衣前準備

- 把淺色衣物和深色衣物分開，不要放在同一個洗衣槽裡洗；深色衣物的染料可能會污染淺色布料。
- 絕對不可把會起棉絮的衣物（例如：浴巾）和會吸收棉絮的衣物（像是免燙或合成布料），放在一起洗或烘乾。

- 仔細檢查衣服上的新舊污漬。看看衣服上的洗濯需知標籤，然後再丟進洗衣槽。如果不這樣做，那些難看的污漬可能會繼續留在襯衫上。
- 把拉鍊拉上、口袋掏乾淨、釦子扣好，防止衣物變形。

❷ 洗　衣

- 在洗衣機上設定合適的洗衣水位、洗衣時間、和水溫（水溫不一定是越高越好）。
- 按下啓動鍵，隨著水槽內的水位逐漸升高，加入適量的洗衣劑。讓洗衣劑在水中混和（或溶解）。
- 然後把衣服放進洗衣槽內，一次一件，順著迴轉盤（或攪動棒）排成圓圈。不要放進太多衣服，因爲衣服在洗濯與清洗時需要足夠空間。

❸ 洗衣劑和漂白劑

這類產品很多。仔細閱讀每一種產品說明，謹慎使用。以下是一些基本產品：

洗衣劑

- 液體洗衣劑，最適合用來除去油污，和初級除污。

- 粉末洗潔劑，對去除污垢和污泥最有效。
- 通用型洗衣劑，適合清潔所有可機洗的衣物。
- 低劑量洗衣劑，適用於不太髒的衣服或柔細布料，手洗或用洗衣機洗皆可。
- 強力洗衣劑，適用於前投入式的強力洗衣機。

漂白劑

- 含氯漂白劑應該只用來漂白白色衣服，但要先看看說明書。不要用來漂白醋酸纖維、絲、針織布、羊毛或一些防火布料。
- 含氧漂白劑不同於氯漂白劑——可安全用來漂白大部分水洗衣物。不過，液體漂白劑的漂白效果較慢、較溫和，若和洗衣劑配合使用，可加強洗衣效果，粉末漂白劑的效果一樣。

記住：水愈熱，氧漂白劑的效果愈快。但最重要的是，如果衣服上的洗濯標籤上註明「不可漂白」，即使是氧漂白劑，也不建議使用。

如果衣服洗完後，上面還殘留洗衣劑，那就用最高水位再洗一遍，不要加洗衣劑。

❹ 烘 乾

- 有些衣物不可以放進乾衣機（槽），包括絲、針織布、羊毛、柔細

【衣物也是需要喘息空間的】

布料，以及防水衣物。

- 一定要先把棉絮過濾網清除乾淨，再把衣物放進乾衣機（槽）——過濾網若堵塞，有引發火災的危險。根據衣物數量，設定烘乾時間。
- 先把濕衣物多餘水分甩掉，再放進去烘乾。衣物不要放太多，因爲如此一來要花更長時間烘乾，衣服會更容易起皺。絕對不可以烘乾到一半，又丟進濕衣物。
- 烘乾完畢後，立刻取出衣服，防止起皺。烘乾的衣服只要吊起來，大部分都可以不必熨燙。

❺ 收好衣物

- 從乾衣機（槽）取出襪子後，立即摺好，以節省時間。毛巾也要摺好，並且捲起，放進衣櫥時可節省空間。
- 衣物洗好、烘乾和摺好後，把它們分類（內衣褲、襯衫、毛巾、床單等等）放在原來那疊衣物的下面，如此，就可輪流穿著。衣物輪流使用，可以延長它們的壽命。
- 把一些使用過柔軟精的舊衣物擺在一疊疊衣物之間，這可防止產生霉味，但要注意，不可讓它們接觸到絲質衣物。擺上一塊未拆封的香皀，也有相同除霉效果。

046 燙襯衫

瑪麗．艾琳．平克罕 MARY ELLEN PINKHAM

瑪麗．艾琳．平克罕，HGTV電視台「點子王瑪麗•艾琳」節目主持人，「iVillage」婦女網站專欄作家。她有多本著作，最新一本是《悔不當初……》（Don't You Hate It When...）。

有人燙襯衫、有人不燙，但到了早上10點左右，這兩種人的襯衫看起來其實都差不多。在所有家事中，像燙衣服這樣效果很短的並不多。

幽默作家歐瑪．班貝克（Erma Bombeck）就曾經形容，燙衣服是她第二喜歡的家事：「我最喜歡的家事，就是一頭栽在床上，大睡一覺。」那麼，究竟是什麼原因，促使人們從事他第二喜歡的這項家事呢？一定是穿上剛燙好襯衫的那種美好感覺——總是那麼有型和完美，即使襯衫主人也許很邋遢。

燙衣服的最好點子就是把燙衣板放在一處方便的地點，並且套上一塊裡面襯有軟墊的新套子。這種軟墊可以讓燙衣服更爲容易。

燙全棉質衣服時，把熨斗溫度調高；部分（或全部）合成衣料則把溫度調低。熨斗上面會有指示。我現在還未發現過，有哪部新型熨斗的溫度會高到把襯衫燙焦（有的只熱到僅僅能夠用來燙衣服而已），但有些合成衣料會在高溫下融化，所以，最好還是先在衣服看不到的部位試燙一下。

要把衣服燙得很漂亮，關鍵就在於襯衫要微濕。在襯衫還未全乾前，就要把它從乾衣機裡取出來。如果你無法馬上燙，可以把它放進塑膠袋

【先把燙衣板擺在最方便的地點】

裡，再放進冰箱。這不會讓襯衫發霉，但會讓它保持微濕。

如果襯衫需要先噴水，不要使用熨斗上附設的噴水器。這種熨斗噴水器大部分需要經常加水，而且很可能阻塞，並且噴水效果不佳。我建議使用獨立的噴水瓶，最好是帶有香味的產品。

最後，你需要燙衣計畫。基本的理念是先從襯衫的最小部位開始，因爲在你燙某一部位時，其他部分會捲皺。以下是我建議的燙衣順序：

❶ **領子**：把領子平放，背面向上，從兩邊領尖向著中心燙去。然後再轉到正面燙。

❷ **抵肩**：抵肩指的是上衣蓋住肩膀的部分。把它放在燙衣板最寬的部位，再燙下去。

❸ **袖口**：先燙裡面，再燙外面。

❹ **袖子**：用手掌把袖子撫平，再燙，然後再把它翻過去，再燙。接著，以同樣方法燙另一隻袖子。

❺ **背部**：把它平放在燙衣板最寬的部分。

❻ **前面**：先從口袋燙起，然後再燙胸前部位。熨斗上的小凹槽，讓你在燙下擺時會很順手。

❼ **結束**：必要的話，領子部分再燙一遍，然後把襯衫掛起來，等它涼了、乾了，再收進衣櫥。不要硬把它塞進衣櫥裡，否則，你必須從頭再燙一遍——當然了，這種燙襯衫的過程，本來就是很快就要再來一遍的。

047 縫釦子

蘇珊・卡利 SUSAN KHALJE

蘇珊・卡利，自助電視台「縫縫樂」（Sew Much More）系列節目主持人。她著有2本書，包括《婚禮禮服：婚紗與晚禮服的精細縫紉技術》（Bridal Couture: Fine Sewing Techniques for Wedding Gowns and Evening Wear）。她是婚紗縫紉學校（Couture Sewing School）創辦人兼校長。

如果你要縫一顆掉落的釦子，那麼，很容易就可找到它的位置、把釦子縫回去——找找看哪個地方有殘餘的線頭、或是有舊孔留下來。如果釦子是被硬扯下來、把布料扯開了，或甚至被扯掉一小塊布，那你必須稍微移動一下位置。

如果你要把釦子縫回布料薄的衣服（例如棉質襯衫），普通的縫衣線就可以了；其他布料則要使用較粗的線（地毯線、加蠟的亞麻線或甚至牙線）。使用雙線，約15吋（38公分）長；如果你要縫的不只是一顆釦子，那縫線就要留長一點。

選擇穿孔的釦子（就是大部分襯衫所使用的那種釦子），是很合理的。但如果釦子縫得太貼近布料，就會使得下面的布料缺乏空間，不但很難把釦子扣上，也會迫使布料隆起。要避免這種情況，你必須在釦子和布料之間製造出一個扣環，在扣好釦子後，釦子四周就會有足夠的布料空間。

先把線固定在布料上。你可以在後面打個結，但為了避免在布料後面的結打得太大，先在布料上面留幾個小針（就在你打算縫上釦子的那地

【你重新縫過的釦子，絕對比原本的釦子還要牢固】

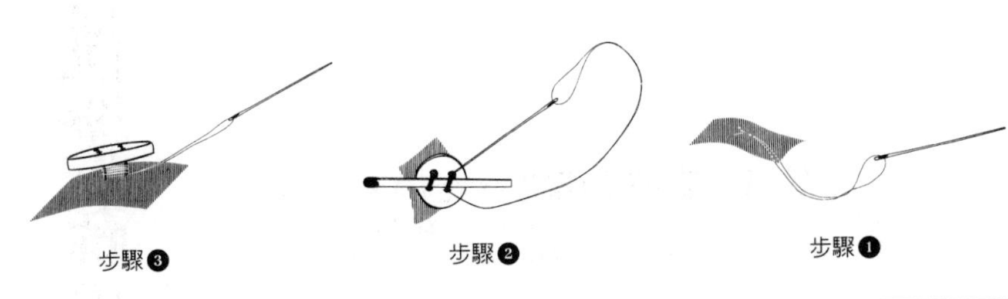

方），準備用來固定線。（圖❶）用空出來的那隻手的指甲固定住線的尾端。一旦把線固定好了，就可以把多餘的線頭剪掉。

線固定好後，把釦子放在布料上，針向上穿過釦子其中的一個釦孔。在把針從另一個釦孔穿回去之前，把一根火柴、牙籤或甚至一根別針放在釦子上，從它上面縫過去（圖❷）。這將可以在線上產生空隙，以後再用來製造扣環。這樣來回縫6或8次，接著，拿掉火柴，把釦子從布上拉開，這時你就可以看到多出的線已經在扣子和布料之間形成一個扣環。

強化扣環。把線環繞扣環幾次（圖❸），然後把針來回進出扣環底部幾次，把線固定好。最後，把針穿到布料後面——就在釦子下面，縫上最後幾針。把線拉緊，剪掉線頭。

如果你的襯衫掉了一顆釦子，可以從襯衫最下襬剪下一顆釦子。男士襯衫的下襬大部分都是塞進褲腰帶裡，所以，最下面少了一顆釦子，並沒有什麼關係。還有，一般衣服內側經常會縫上一顆備用的釦子，同時，也可以把衣服裡面比較看不到的釦子剪下來，挪到前面來用。

有時候，唯一的法子就是把衣服上的釦子全部換掉。必須確定的是，新釦子的大小要能夠配合原來的釦孔。而且，你現在已經知道如何牢牢縫好釦子，以後再也不會掉釦子了！

048 挑選蔬果

彼得‧拿坡里塔諾 PETE NAPOLITANO

彼得‧拿坡里塔諾，又名「彼得蔬果」，是NBC電視台紐約與費城地方台的蔬果專家。著有《彼得蔬果的果菜經》（Produce Pete's Farmacopeia）。

想買到好的蔬果，第一步就是要熟悉當季的蔬果。在某個季節裡買得太早或太晚，都會讓你覺得很失望。向店裡賣蔬果的店員請教，或是自己做點功課（請參考以下介紹），那麼，你在挑選好的蔬果時，運氣會更好一點。不過，外表看來很漂亮的蔬果，吃起來並不一定就會很美味。冬天的番茄圓得很漂亮、色澤也很均勻，但吃起來卻沒什麼味道。跟眼睛一樣，你的其他感官——特別是鼻子，也可以向你透露出這些蔬果的很多祕密。

關鍵就在於，要能夠知道在你居住的那個地區裡，那個季節裡會有什麼當季蔬果。我很喜歡流著口水等待當季最好的蔬菜和水果來到。下面介紹幾種最難挑選的水果和蔬菜。

哈蜜瓜

先查看瓜柄，並且要確定，瓜柄是短短的。接著，挑選金黃色、並且發出香味的哈蜜瓜。哈蜜瓜的季節是6月到9月，其中7月和8月最好。

【用鼻子聞香味，用手壓確認熟度】

哈蜜瓜切開後，必須用保鮮膜包好，才能放進冰箱，否則它會吸附冰箱裡所有的氣味。哈蜜瓜如果擺在廚房裡，可以保存3到5天，在室溫裡食用味道更好。

蜜露洋香瓜（Honeydew）

蜜露洋香瓜是從中間向外成熟，外皮很薄。鮮美又甜的蜜露洋香瓜，表皮有點顆粒狀，並且有點黏。在所有的瓜類水果中，蜜露洋香瓜是氣味最芬芳的，所以，購買前好好聞一聞。如果聞起來甜甜的，吃起來也一定很甜。把它放在廚房櫃台上擺上一天，讓它更熟一點。購買蜜露洋香瓜的最佳時機是8月到10月。8月前想要買到好的蜜露洋香瓜，真的很難。只有在切開蜜露洋香瓜後，或是感覺到表皮已經很黏手了，才必須放到冰箱裡。蜜露洋香瓜不放在冰箱裡，可以保存3到5天，視成熟度而定。

西　瓜

查看西瓜的瓜柄，如果還很青綠，那麼，這粒西瓜還未熟。如果瓜柄已經完全不見，那就可能過熟了。如果瓜柄還在，但已經萎凋或褪色，通常表示這粒西瓜已經熟了。把西瓜翻過去，看看它底部是否是黃色的，同時，最重要的是用手指彈一下西瓜、或是用手拍一拍，聽看看，聲音是否清脆。這就是你要注意的。西瓜的生產期多半在6月到8月，7月是最好

【用鼻子聞香味，用手壓確認熟度】

的月份。西瓜要存放在陰涼的地方，切開後，就要放進冰箱保存。整粒未切的西瓜可以保存好幾星期，一旦切開後，只能放在冰箱裡保存1或2天。

核果：桃子、李子、油桃、杏

大部分核果的問題都是冷藏過度。在它們變軟之前，避免把它們冷藏在「死亡區」（攝氏2度到10度）。你常光顧的大部分水果店以及運送水果的卡車，都把這些水果冰死了，讓它們變得又乾又白。你得挑選表皮沒有擦傷、色澤漂亮、輕按有硬硬感覺的水果。水果買回家後，放進紙袋裡，把袋子封上。只需放上一天，應該就很熟了。核果上市的時間從5月到9月，5月和6月的時候，這些水果都還太青，但到了9月，就太老了。所以，最好在7月和8月裡好好享用。只有在這些水果熟了後才放進冰箱，但也只能保存很短的時間，冰箱會使水果變乾。熟透的核果很容易腐爛，只能保存1或2天。

番茄

番茄在收成的時候就要有點兒成熟度，味道才會鮮美，所以，你要挑選的是顏色有變化的番茄，也就是顯示出一點兒粉紅與紅色。不能挑選太硬的番茄。番茄要放著讓它們成熟——絕對不要曬到太陽，也不能放進冰

【用鼻子聞香味，用手壓確認熟度】

箱。冰箱會減損番茄的風味和質地。番茄一年到頭都有，但以夏天最爲美味。

茄子

要挑選有點硬的茄子，表皮要閃閃發亮，有著新鮮、青綠、長而尖的果帽。把茄子拿在手中，用姆指輕輕按一下。如果留下指印，那就不要買，這通常代表太老了。茄子剝皮後，可以減少苦味。茄子很容易腐壞。不要放進冰箱，但要放在陰涼地方，讓它們自然變成褐色。茄子一年到頭都有，但夏天的比較新鮮。

049 買魚

馬克·比特曼 MARK BITTMAN

馬克·比特曼，《紐約時報》食品專欄作家，著有多本專書，包括《全方位與魚烹飪：選購與烹飪大全》(How to Cook Everything and Fish: The Complete Guide to Buying and Cooking)。

如果不是想要成爲專家，當然不需要去熟悉每一種魚的名稱與天然習性。不過，只要遵循以下一些指引，保證你買到的一定是高品質的魚。

首先，必須要知道這一點：如果兩種魚的肉片或肉塊看來很相似，那麼它們的烹調方法和味道也會相似。紅笛鯛和黑海鱸、硬頭鱒和鮭魚、鰨魚和比目魚——這些魚的名稱各不相同，但它們在廚房和餐桌上的表現都是一樣的。到店裡買魚時，不要事先就鎖定只想買特定的某種魚，而是某一種類的魚，像是白色的厚魚肉，或是某種鮭魚。這樣子你就不會因爲買不到某種魚而感到沮喪，而且也能夠挑選到店裡看來最好的魚。

選購

首先，如果這家魚店聞起來有一股很強烈的魚腥味、或是不乾淨、或是捨不得多用冰塊，那趕快到另一家去。接著，考慮選購外表看來最好的魚。

角肉或魚排應該有硬實感、油亮、有光澤，甚至沒有任何損傷。請店

【相信你的鼻子，多留意賣家的冷凍設備】

員用手指戳一下，魚肉應該要很快反彈；如果會出現凹痕，那就不好。同時也要聞聞看，氣味應該是帶有清新的海水味；如果氣味不佳，那煮出來的味道也不會好。全魚比較容易挑選，魚鰓應該是鮮紅色，表皮有光澤；最好的全魚，看起來就好像還活生生一般。

貝類（蝦子、龍蝦、螃蟹和其他甲殼類）和軟體動物類（蛤、淡菜、牡蠣和干貝）則是另一回事。如果是帶殼的，那應該是活的，或是煮熟的。龍蝦和螃蟹應該活蹦亂跳。「活的」和「新鮮的」應該有差別，你應該兩者都要；一隻被養在魚缸裡的魚，幾週沒餵東西，可能還活著，但當然已經不新鮮了。

蛤、淡菜、牡蠣的外殼應該完整無損，而且幾乎不可能用手指撬開。不應該把它們保存在密封的塑膠袋裡——它們將會窒息，很快就會腐壞。買回家後，把它們放進大碗或鍋子裡，應該乾燥、不要蓋上。已經去殼的軟體類海鮮——干貝幾乎都是以這種方式出售，聞起來應該沒有異味，看起來也很漂亮。

幾乎所有的蝦子都是冷凍後出售。你最好也是買冷凍的，這對你也比較方便，當你需要時再拿出來解凍。

買冷凍魚也是很好的選擇。你願意買這樣的魚嗎：捕到後，放到魚艙裡保存幾天、然後再由卡車轉到倉庫、再由另一輛卡車轉運到超級市場，這些魚從它們被捕獲至今已經有十多天了？或是寧願買捕上來後就被一直冷凍保存的魚？如果你很確定你很能把握購買的魚的品質，很好；但如果你沒有這樣的把握，冷凍魚很可能是很好的選擇。

保存

最後，保存的重要性僅次於選購。絕對不要把魚放在悶熱的車上，即使只是一小時也不行（但如果先把魚保存在保溫袋裡、然後放在車後的行李廂裡，即使沒有放冰塊，也可以保存一陣子。）回家後，把它放在冰冷的地方。如果買來當天還不想烹煮，那就要把還包裝完好的魚埋在大量冰塊中；放蔬菜的大箱子可以拿來做這種用途。既然花錢買了魚，就要好好保護你的投資。

【先清除牆上多餘物，移走障礙物】

050 油漆房間

鮑伯．維拉 BOB VILA

鮑伯•維拉，「鮑伯•維拉之家」（Bob Vila's Home Again）節目主持人，也是前公共電視台「老房子」（This Old House）節目主持人。他著有10本書，包括《鮑伯•維拉整修房子指南大全》（Bob Vila's Complete Guide to Remodeling Your Home）。

過去25年來，我有幸負責整修、重建和建造很多很棒的美國房子。其中最常被人問到的一個問題就是：「你如何油漆房間？」雖然你很可能會衝動地想要抓起油漆刷、馬上就開始工作，但是先做點功課再動手，可以確保完工後，你會覺得很驕傲。

❶ 選擇油漆種類

亮光漆，經常被稱作高亮光性油漆，表面會高度反光。它們會產生最堅硬、最持久和最耐髒的表面。因爲它們比低反光或低光澤油漆更容易清潔，所以很適合用在交通量繁忙地區或高度使用的房子，特別是很容易沾上指紋或污垢的房子。不過，也因爲亮光漆表面高度反光，所以表面上的缺點很容易就暴露出來。所以，如果你家的牆壁或木工有缺陷或不規則，你可能就會想要選擇低光澤的油漆。

半亮光漆比亮光漆的反光度低，表面沒有那麼光亮。它們也很耐髒，也很容易清潔。

【先清除牆上多餘物，移走障礙物】

蛋殼黃漆、緞面漆或低光漆，它們的表面亮度甚至比半亮光漆低，然而比無光澤的平光漆更亮。這一種類的油漆表面，比平光漆表面更使人覺得暖和更有層次。

平光漆不會反光，所以，比亮光漆更能掩飾表面的缺點。這種漆面特別適合凹陷或不平的牆壁。還有，平光漆也是天花板塗料的最好選擇。

根據牆面狀況選擇正確的油漆，完工後，會對你家牆壁的壽命大有幫助。

❷丈量及估算油漆面積

先丈量所要油漆表面的長寬高，然後相乘。不油漆的部分，像是房門和窗子，也以同樣方法丈量。然後把總面積減掉不油漆面積，像是窗子和房門（但不要忘了，房門本身也可能要油漆），得到的就是需要油漆的面積。油漆桶上面的說明，都會標明1加侖（38公升）油漆可以漆完多大的面積。把總面積除以這個數字，就知道漆完一層需要多少加侖的油漆。1加侖高品質油漆可以漆約400平方呎。牆上的細孔（牆表面的細孔有多大和有多少個）也會影響油漆的需要量，所以，油漆的正確需要量，將會視牆壁的實際情況而有所變化。

【先清除牆上多餘物，移走障礙物】

❸萬全準備

克制馬上就要動手油漆的誘惑。開始之前，記住，事前準備工作所花的時間，都會在最後得出的結果後獲得補償。先用清潔劑清洗牆壁，除去泥土、油污、油漬和指紋；用來擦地板的海棉拖把，就是很方便的牆壁清潔工具。清潔完畢後，用清水徹底洗一遍，並要等到一切都完全乾了之後，再動手油漆。可能的話，把家具從房間裡搬走。如果不能，把它們集中在房間中央，用布蓋起來。把電插頭拔掉。用膠帶把不想油漆到的邊線等細部貼上。

❹油漆！

現在開始進行最容易的部分——上油漆。我建議從最高點——天花板刷起。先油漆牆壁與天花板連接的邊緣部分，然後油漆天花板。順著同一方向連刷幾遍，才會看來一致。

使用滾筒式的油漆刷油漆牆壁前，先用油漆刷來油漆窗戶、房門、牆底線和木工部分，以及角落等。2吋（5公分）刷用來油漆邊緣和角落。3吋和4吋（7～10公分）刷則用於一般室內的油漆工作。

一旦完成了所有細部油漆工作，接下來就是油漆牆壁。高品質的滾筒油漆刷可以勝任此項工作。從上方角落開始油漆，一路油漆下來，注意，不要讓油漆滴落到地上。滾筒每次沾滿油漆，應該可以油漆約2吋平方

【先清除牆上多餘物，移走障礙物】

（5平方公分）的面積。漆完一個區域，再進行到下一區，直到把整間房間油漆完畢。

最後一步就是油漆窗框、窗格板、牆腳線和其餘細部。使用細油漆刷來油漆細節部分。所謂的細油漆刷，一般指1到2吋（2.5～5公分）刷則用於一般室內的油漆工作。寬的油漆刷，刷毛有角度，方便油漆很窄的角落部位。

❺最後提醒

最好多買一點油漆，比你估算出來的需要量多一點，以免油漆工作尚未完成，就已經用完全部的油漆了。需要多少油漆，最好一次買齊，如此可確保油漆色澤一致，也省下多跑幾趟油漆的時間。如果完工後還有剩餘的油漆，那你以後隨時可以用來修補。未使用或未開罐的油漆可以退回給店家，除非是你特別訂製的顏色。

【確認適合眼睛高度的掛畫位置】

051 懸掛圖畫、照片

芭芭拉．卡夫維特 BARBARA KAVOVIT

芭芭拉．卡夫維特，「芭芭拉K企業」執行長，
這家公司專門生產解決生活問題的產品，希望「給女性成功的工具」。
她最近推出幾種專門供女性使用的系列產品。
目前正在撰寫一本書，並且籌備一個電視節目。

懸掛一幅藝術作品或圖片，馬上可以大大改變房間景觀，而且，方法很簡單，不需要半個小時就可以完成。

最耗費時間的，其實是決定要把圖片掛在什麼地方。首先，考慮房間大小。把小圖片集合在一起，或使用一張大幅圖片做爲焦點。把藝術作品掛在沙發或其他家具中央上方，畫框位在家具上方5到8吋（18～20公分）的位置，可以傳達出強烈訊息。還有，不要忘了燈光。柔和的頭頂白熱燈光，可以強調藝術作品的氣氛，並且使反光降到最低。高價值的藝術作品不可以掛在會被陽光直接照射到的地方（也不要掛在壁爐上方、廚房或浴室）。

如果你想知道某張圖片掛起來是什麼樣子，可以先把它的大致輪廓畫在一張紙上，然後用膠帶把它黏在牆上，馬上看看效果如何。一般來說，圖片的中央應該在眼睛高度，大約離地面5呎（約152公分）。

一旦決定好最理想的位置和燈光後，趕快去拿工具。你需要一把鐵槌、膠帶、捲尺、鉛筆、水平儀以及掛鉤（一定要準備可以承擔圖片重量

【確認適合眼睛高度的掛畫位置】

的掛鉤。）五金店裡應該有各種掛鉤——那種背後有45度角鐵釘的掛鉤，適用絕大部分牆壁。如果圖片後面沒有可以用來懸掛的鐵線，那你還要準備一條可以負重30磅（13.6公斤）的鐵線，以及兩根小螺絲，用來把鐵線固定在畫框上。鐵線留長一點，讓圖片可以向下俯視。小螺絲應該固定在畫框兩邊（左、右）的中央。如果是大一點的圖片，應該是距頂端8吋（20公分）；中型的畫，距頂端6吋（15公分）；小型畫，距頂端2到4吋（5～10公分）。

用鉛筆在你打算釘上掛鉤的牆上位置做個記號——大約離地5呎（152公分）。現在，你可以拿起鐵槌了。但在你敲下第一擊之前，幫自己一個忙，把一小塊膠帶貼在鉛筆記號上。這可以防止牆壁產生裂縫，尤其是灰泥牆壁。在預定位置上貼好膠帶後，拿起鐵槌，把掛鉤輕輕敲進牆裡。檢查一下，看看掛鉤有沒有釘牢，然後把圖片掛上去。

接著，後退一步。把水平儀放在畫框上端，確定畫框有沒有掛好。即使肉眼看來已經很平了，但還是有可能不平。相信水平儀（只需左右微調畫框，直到泡泡固定在水平儀中央），就是這樣子了——你剛剛已經使自己成爲巧手工匠，凡事不必再求人！

【用好信紙表現你的眞誠】

052 寫封私人信函

蘭辛．克侖 LANSING E. CRANE

蘭辛．克侖，克侖公司（Crane & Co., Inc.）董事長兼執行長。

寫封私人信函，對別人爲你精心挑選的禮物以及友好行爲表示感謝之意，或是與別人分享快樂或悲傷時刻。私人信函也可以（或應該）是寫信人和收信人之間的重要情感交流。在你提筆開始寫信之前，有一些基本原則需要考慮：

- **時機**：一旦碰到需要表達情感的時機，就馬上寫下你的私人信函，越快越好。你肯定不想因爲寫得太遲而在信裡表示道歉，而且你也會希望你表達的是當下的情感。
- **信紙**：用手邊最好的紙寫這封私人信。情感豐富的私人信函，其實就是寫信者送出的禮物。用最好的紙來包裝這項禮物，一定會讓收信者更加感受到寫信者的情意。
- **內容**：重點在你爲什麼要寫這封信。找出是什麼樣的情感交流，促使你提起筆來。
- **長度**：個人信函不必太長，最好短一點，但要表現出眞誠。

【用好信紙表現你的眞誠】

開頭

信的開頭應該很容易。如果是感謝函，一開始就寫下這兩個字：「謝謝」，接著說明你爲什麼這麼說：「謝謝你送來的一對漂亮的燭台」、「謝謝在你家海灘小屋度過的愉快週末」、「謝謝你在家父去世後寫信致哀」。如果促使你寫信的是另外的原因，像是你要向對方道賀或表示哀悼，那麼，一開頭就要寫出來。

中間

第二個句子應該用來建立起你和收信人之間的私人、情感交流，以下是幾個例子：

- 「在你送來的貼心禮物照明下，彼得和我剛剛一起享用完一頓美好的晚餐。」
- 「雖然我們無法在海灘上舉辦一場海灘盛會款待你，但仍很盼望你能到城裡一遊，讓我們能夠回報你這次的熱情招待。」
- 「我知道你一直沒機會跟老爸會見，但我相信你們兩人一定很合得來。」

【用好信紙表現你的眞誠】

結尾

開始寫信之前，就應該先決定好要如何結尾，如此一來，你才會知道什麼時候該把筆放下：

- 「我們保證，只在最特殊的場合裡才會使用。」
- 「希望你剩餘的暑假時光，天天都有大太陽和溫暖的海風。」
- 「在如此悲痛時刻裡，能夠有像你這樣的好朋友，實在令人欣慰。」

就是這樣子。你和收到這封私人信函的人，將會在情感上更爲親近，這全都是因爲你在一張很好的信紙上稍稍表現出你的眞誠而已。

053 泡茶

莫·席格爾 MO SIEGEL

莫·席格爾，「美味佐料公司」(Celestial Seasonings) 創辦人和前董事長兼執行長，他也是《健康與幸福的香料植物：知識大全》(Herbs for Health and Happiness: All You Need to Know) 一書的作者之一。

自從5000年前被發現之後，茶就成了我們日常生活中不可或缺的一部分。對某些人來說，泡茶和喝茶是一種藝術。日本諺語說：「一個人如果不喝茶，就無法了解眞理和美。」

泡茶就像煮開水那麼簡單，但要泡出最好的茶，需要一些特別步驟，泡出最好熱茶的步驟：

❶ **使用新鮮的水**：好水才能泡出好茶，所以，先選擇新鮮的冷水。

❷ **煮水**：紅茶和香草茶，使用滾開的熱水水。綠茶，只要把水加熱到水開始沸騰的熱度。

❸ **把水倒入杯中**：立即把滾水倒入茶壺或茶杯，水要蓋住茶包。

❹ **蓋上茶杯蓋**：只要可能，隨時蓋上茶杯或茶壺蓋子，保持水溫。

❺ **浸泡時間**：想要泡出茶葉的最佳風味，必須根據茶的種類來決定浸泡時間：綠茶和紅茶3到5分鐘，香草茶4到6分鐘，熟茶6分鐘。

❻ **擠一下茶包**：輕輕擠一下茶包，讓它散發出最後的一點風味和色澤，然

後把茶包從茶杯或茶壺裡取出。

❼ **準備享用：**只要你願意，可以加點自己喜歡的人工甘味料（我喜歡加蜂蜜），或是檸檬。如果是紅茶，也許可以加牛奶（對大部分茶來說，奶油是太濃了點）。傳統上，綠茶不加牛奶。還有，大部分香草茶都不加牛奶，特別是水果和薄荷茶。可以先看看茶包裝上的說明。

最佳風味冰茶泡法

想要泡1夸脫（約1.1公升）的茶：

❶ 倒2杯滾水泡4個茶包（如果是綠茶，則使用剛到達沸點的水）。
❷ 浸泡4到6分鐘。
❸ 拿掉茶包（也可留著）。
❹ 如果願意，可以趁著茶還很熱的時候加進人工甘味料，然後攪拌。
❺ 加2杯冷水，放著等它涼。
❻ 加冰塊。
❼ 加新鮮水果或薄荷裝飾。

如果想喝濃一點的，就多用幾個茶包。泡好的冰茶在72小時內享用，滋味最佳。

054 朗誦

柯里・布克 CORY BOOKER

柯里・布克，紐約地區政治家和社會運動家，一年出席400多場公開活動。由於熱烈支持全國年輕人，所以，他經常參加學校與社區照顧問題學生的活動，在這些活動中，他有很多大聲朗誦的機會。

雖然我每週當眾朗誦好幾次，但有時候，還是會很緊張，甚至覺得自己還像個四年級的小學生，在課堂上被叫起來當眾朗讀。還好，現在年紀大了，也多少克服了當年課堂上的一些尷尬情緒，並且也發現一些訣竅，這在被要求當眾朗誦時，對我有很大幫助（眞希望我還能回到過去，在小學課堂上當眾再朗誦一番）。

❶ 呼吸，呼吸，呼吸！

深呼吸的重要性，有著無以復加的重要性。東方信仰把專注呼吸視爲是獲得內心深處平靜與力量的大門，即使是西方醫師也見證到，身心放鬆與情緒自信所帶來的好處。呼吸是生命的來源，而對我們這些必須大聲朗誦的人來說，雖然呼吸不會幫助我們達到極樂世界，但卻是幫助我們朗誦成功的必要基本條件之一。

❷ 自在與冷靜

【唸錯了，就正視它，然後繼續唸下去】

朗誦之前，確定自己很自在、冷靜。停頓一下，慢慢深呼吸、放鬆心情，專注於你即將朗誦的題材。緊張、焦慮只會對你的朗誦產生不好的影響。如果說，眼睛是靈魂之窗，那麼，你的聲音——它的音調、速度、力道和音量，將會洩露出你的情緒與態度。你希望聽眾聽到你朗誦的實質內容、感受到你的精神與信心，你一定不希望因自己很緊張、或是不真誠和不自在，而使得聽眾分心。

❸熟悉與練習你的朗誦內容

雖然不是一直都有這種可能，但如果能夠事先知道你要朗誦的內容，並且大聲練習朗誦，這絕對是最好的。就好像在森林裡跑步一樣，當你很熟習路徑時，跑起來就更有信心。如果你對所要朗誦的題材不熟，那至少在開始朗誦之前，先花個幾分鐘閱讀或掃瞄一遍。即使只是短短的幾分鐘，你的眼睛已經可以挑出內文中的重點，大大增加你對內容的熟悉度和信心，讓你知道如何以最有效的方法運用你的聲音。

❹以權威語氣朗誦

一旦開始朗誦，就要以權威語氣朗誦。我的足球教練曾經告訴我：「濕透的紙巾最能吸水。」我知道他的用意是鼓勵我要有信心和堅強。控制你的呼吸，慢慢朗誦，從丹田發出你的聲音（不是從喉嚨）。

【唸錯了，就正視它，然後繼續唸下去】

不管你朗誦的是床邊故事，或是一篇小文章、或是某篇推銷文章，都要讓聽眾感受到你的熱情。慢慢來，清晰唸出每個字。享受你正在進行中的工作——沈醉於其中。

不要用單調的語調朗誦。要不時變換你的音調，並且微微改變朗誦速度，替你的朗誦增添一些色彩，和強調某些部分。慢慢朗誦，要堅定有力，並要時時調整你的音調，用來傳達出你所朗誦內容的精神。

❺眼光接觸

不時與你的聽眾進行眼光接觸，但必須要你覺得很自在才行。儘可能設法讓朗誦做最好的呈現，而不是讓自己草率表現。

最後，萬一表現不好，那又有什麼關係！不要因此而沮喪。微笑、深呼吸，糾正錯誤，繼續努力下去。祝好運！

Weekend Life

週末生活

055 放鬆

狄恩・歐尼許 DEAN ORNISH

狄恩・歐尼許著有多本暢銷書，包括《狄恩・歐尼許醫師對抗心臟病計畫》（Dr. Dean Ornish's Program for Reversing Heart Disease）。他是非營利機構「預防醫學研究所」（Dr. Dean Ornish's Program for Reversing Heart Disease）創辦人兼所長，也是舊金山加州大學醫學院臨床醫學教授。他率先證明，經由生活型態的大幅度改變，就可以預防心臟病發生，這些改變包括飲食和醫療。

雖然放鬆經常被認爲是很難得的奢侈，但有越來越多的科學證據顯示：在維護身體健康方面，放鬆的重要性相當於運動。以下是教你放鬆的幾個步驟：

呼 吸

深呼吸有助於防止壓力造成的有害反應，並能減輕壓力。即使你無法控制情勢，但你卻可以隨時控制你的呼吸，並因此改變你對不愉快環境的反應。任何地點、任何時間都可進行深呼吸，而且只要多加練習，甚至可讓深呼吸變得更有效。由於呼氣是呼吸過程中最放鬆的階段，所以，呼氣時間要比吸氣長。很多老師建議2比1的比率最爲理想——就是說，當你感受到壓力時，設法讓呼氣的時間比吸氣時間多1倍。

冥想（靜坐）

冥想就是集中注意力沉思。即使只是一天進行短短幾分鐘的冥想，也會帶來莫大的好處。當你冥想時，就會發生很有益的事情——最初，只是慢慢出現，經過一段時間後，就會深入你體內。

- 首先，當你集中注意力時，就會增加更多的力量。集中意志時，也更容易集中精神。當你更能夠集中精神時，表現會更好，成就也會更多——不管是在教室、會議室或是健身中心。不管做什麼，當你能夠冥想，都會更有效率。
- 第二，當你體驗到一種深刻的、甚至比睡眠更深沉的放鬆狀態時，你的身體會發生很多美好的變化，這包括血壓降低、心跳減緩、血管擴張、思緒清晰。
- 第三，你可以更充分發揮自身的感官功能。冥想能夠強化感官功能。你享受的任何事物——食物、性、音樂、藝術、按摩等等，都將因爲冥想而大爲增強。例如，當你注意起所吃的東西時，可能就不再需要吃那麼多東西，但卻反而能夠充分享受食物，且獲得更大的快感。
- 第四，你的意識會安靜下來，將會感受到內心的一種和平、喜悅和幸福感。體會到這一點時，就可以在最繁忙的活動中放鬆。當你從本身的經驗中了解到，你的寧靜來自內心，那就會使你增加無盡的力量。

【從深呼吸開始，讓自己平靜下來】

專注

在全世界所有文化裡，可以發現很多不同種類的冥想。雖然形式各自不同，但某些基本原則卻是一致的。

在大部分形式的冥想裡，你可以一直重複一個聲音、一個句子或某一祈禱文的某個章節。也可以使用代表神聖的器物，像是唸珠，或是一張圖畫、或是某個偶像；或者，也可以很單純地只是觀察自己的呼吸。呼氣，吸氣。一再重覆。

某些聲音特別有鎭靜作用。這些聲音經常被解釋爲代表「和平」，像是「嗡」（Om）或「夏隆姆」（Shalom，希伯來語的「你好」、「再見」）或「阿門」、「薩拉姆」（Salaam，阿拉伯語的問候語）。如果你比較喜歡非宗教性的冥想，那麼，你可以一直重覆「One」這個聲音。爲人父母者，如果曾經以嗯嗯的聲音來哄小嬰兒，就會知道，這種用鼻子哼唱的「嗯嗯」聲，相當平和。這樣的聲音通常以「an」或「ah」開始，以「m」或「n」結束。

冥想是輕鬆但也很艱苦的工作——很容易進行，但很難純熟應用。在進行過程中，個人意識常會在外徘徊。當你發現自己的意識跑到外面漫遊去了，那就溫和、但堅定地把它抓回來，不用批評或責備自己。只要多加練習，就會發現，你的意識不會再像以前那樣隨意漫遊了。

【從深呼吸開始，讓自己平靜下來】

練習

練習時，保持一貫性，要比練習的時間長短重要。你可能很忙，忙得認爲自己沒有時間冥想。但即使只能冥想1分鐘，還是有機會繼續進行下去，時間也會越來越長。而且，即使只是1分鐘，也有很大好處。你有沒有發現，有時候，早上從收音機裡聽到一首歌曲，卻發現自己在下午時輕輕哼著它？同樣的，在潛意識裡，你整天都在不停地繼續冥想。

留意

觀察每一分鐘發生的事情，不要做評斷。只是靜靜看著你的思緒像泡沫般不斷冒出，但不要被這些思緒的情緒或內容絆住。不知不覺的，你的生活成了永不間斷的冥想，使你即使置身在最繁忙的環境裡，也能維持一貫的輕鬆。

056 洗車

查爾斯・歐克利 CHARLES OAKLEY

查爾斯・歐克利，是NBA華盛頓巫師隊球員。
他也是美國東岸洗車連鎖店「歐克利洗車店」老板。

讓汽車保持乾淨，對車子的外表有很大的影響。經過歲月的洗禮，大自然因素會對車子外表造成不利的影響。想要對抗這種不利的影響，最好的方法之一，就是採用正確的洗車方式，讓車子盡量保持乾淨。

洗車的時候，有一些基本原則要謹記在心。

洗車

- 洗車前，先找個寬敞的好地點，便於工作。絕對不要在大太陽下洗車，也不要在車子剛被太陽曬過、車漆還很熱的時候洗車，因爲這會使得肥皀或清潔劑在你的車上乾掉，讓你來不及將它們清洗乾淨。這對車漆很不好。
- 首先，用吸塵器把車子內部徹底吸乾淨。檢查看看，有沒有餅乾碎屑或泥土留在車內縫隙或杯架裡。把儀表板、杯架及車內各個表面擦乾淨。接著，把腳踏墊拍打乾淨。
- 接著，清潔輪胎和鋼圈。用空氣槍把鋼圈內部清乾淨。鋼圈上若有

【洗車與打蠟，都不要在陽光下進行】

任何泥土，要把它刷掉或刮掉，然後用水清洗。

- 然後，用水把車子外表的泥土和污垢清洗乾淨，如此，才不會在接下來的清洗過程中刮傷車子外表。
- 接下來，用100%軟棉布的洗車布或高品質的海綿，把車子從最上面到最下面清洗一遍，以直線和重疊方式清洗。
- 絕對不可使用家裡的清潔液，因爲這種清潔劑會刮掉車子的保護蠟外層。改用汽車專用的清潔液。
- 切記，海綿或洗車布使用前，一定要在清水裡洗乾淨，否則，泥土會附著在上面，將會刮傷車漆。繼續清洗整輛車子，要特別注意車殼上那些死掉、乾掉的蟲子、瀝青、樹汁和鳥大便。
- 記得清洗車門、上掀式後門、引擎蓋和後行李廂的內部下端邊緣。這些地方很容易聚集泥土和濕氣，若不清除乾淨，會讓車子提早生鏽。
- 用強力水柱把輪胎鋼圈內部清洗乾淨。
- 使用大量的水。清洗車子時，把水管的噴嘴取下，讓水覆蓋整輛車子。
- 最後，擦乾車子，這時要把所有車門打開，讓一些半掩部位能夠完全乾掉。一定要用純棉的毛巾把車子擦乾淨。任何其他種類的毛巾可能會產生砂紙效應，在你的愛車上造成一條條的刮痕和漩渦。

• 每一次洗完車子後，記得把洗車布徹底清洗乾淨，防止上面留存泥土或砂礫。

打蠟

• 想要替你的車子進行手工打蠟，請使用泡沫塗蠟器，這不會傷到車子表面。避免使用保證可以去除泥土、鐵鏽或表面刮傷的產品，因爲它們正好會產生相反的效果。

• 一定要在陰涼的地方打蠟。熱熱的金屬表面會促使車蠟的化學物質傷害到車漆的亮光面。還有，如果在高濕度情況下打蠟，會形成一條條難看的條紋。

• 確定一次只在一個小區域上蠟，沾滿蠟的毛巾以旋轉方向上蠟，然後再用正確方法把蠟拋光。

【出發前花時間檢查輪胎，總比路邊換輪胎好】

057 換輪胎

拉里．麥雷諾斯 LARRY MCREYNOLDS

拉里．麥雷諾斯，是知名的賽車維修隊長，他服務的車隊共贏得23次冠軍、21次竿位（單圈成績最快的車手）、122終點前五名、和101次終點前十名。他目前在福斯體育台擔任播報員。

想要成功更換輪胎，第一步就是要明白所有東西的位置，以及如何進行更換。自己要先熟悉備用輪胎、長柄扳手、和千斤頂的正確存放位置。可以翻閱汽車使用手冊，了解千斤頂放在車上哪個地方。

如果你是在路上爆胎，那只能再繼續行駛一段很短的距離，以免輪胎被損害到無法修補的程度，或甚至損害到鋼圈。盡可能遠離馬路——最好是停到停車場裡。如果被迫必須在高速公路上更換輪胎，盡量遠離行車道。但不要駛進路旁的林子裡，這樣子你可能會被迫在山坡或石頭地上架起千斤頂，所以，試著把車子停在一塊平坦的地上。

把車打在停車檔上，拉起手煞車，並且記得一定要打開緊急閃燈。不管是白天或晚上，都要在車子後面擺上故障標記或閃燈，大約在車後75呎(22公尺)，必須要這麼遠，人們在看到後，才能夠把車速降低。如果你在轉彎處換輪胎，一定要把故障標記或閃燈放在轉彎路段的起點。

一旦把車子停妥在最安全的地點，就要先確定是哪個輪胎破了。取出備胎、千斤頂和長柄扳手。長柄扳手的一端可以用來取下輪胎蓋：把它插進輪胎蓋邊緣後，用力把蓋子撬開。接著，用長柄扳手的另一端，以反時針方向鬆開輪胎上的螺絲；這時還不需要把車子頂高，讓它繼續貼住路面。只要把螺絲鬆開即可，不要把它取下。在你用千斤頂頂起車子期間，不要讓任何人留在車上。把千斤頂放在正確位置——如果你頂錯位置，可能會損壞車子，或者，更糟的是，車子可能會從千斤頂上滑落，而造成車子傾斜。車子一旦頂了起來，絕對不要讓自己身體的任何一部分進到車子底下。

現在，車子已經頂起來，拿起長柄扳手動手把所有的輪胎螺絲拆下。把爆掉的輪胎卸下，放到一旁去。拿起備胎，把它套進輪軸。對準所有的螺絲孔，把輪胎推進去，套上螺絲，用手指盡力把螺絲鎖緊。這時，車子仍然還用千斤頂頂著。接著，拿起長柄扳手，把螺絲鎖緊，鎖到緊得不能再緊。鎖好螺絲後，這時把千斤頂卸下。

一旦車子備胎再度接觸到地面，且千斤頂也已經卸下，這時再度檢查一下，所有的螺絲有沒有鎖緊。確定每個螺絲都再度鎖緊3或4圈，確保都已完全鎖緊了。完成這些工作後，就可以把漏氣的輪胎、千斤頂、長柄扳手、和輪胎蓋放進後行李廂。不要急著把輪胎蓋套回去。備胎爲了節省空間，通常都做得比較小。它的目的只是要讓你能夠把車開到最近的汽車保養場，讓你能夠修理原來的輪胎，或更換新胎。離開前，收起故障警告標記或閃光燈。關掉車上的警示閃燈。上路吧。

【出發前花時間檢查輪胎，總比路邊換輪胎好】

預防爆胎

❶每一次加油時，都要檢查一下輪胎氣壓。一般輪胎的胎壁上都會印有正確的氣壓數字。

❷買一罐補胎劑。這種補胎劑不能用在爆掉的輪胎，但可以用在因爲漏氣而變軟的輪胎。

❸每一次更換機油時，都要檢查一下備胎的胎壓。

058 換機油

萊恩・紐曼 RYAN NEWMAN

萊恩・紐曼，「NASCAR」系列賽車的Nextel盃大賽車車手。

你用不著當上「NASCAR」的賽車手，就可以學會如何根據汽車使用手冊上的建議，親自更換愛車的引擎機油，讓愛車性能保持最佳的表現。定期和不間斷保養汽車，將會延長愛車的壽命，而且，最重要的是可以替你省錢。太久沒有更換機油，會造成機油污垢沉澱並積聚在引擎裡，降低你愛車的性能，最後更會縮短愛車的壽命。

事前準備

先選好一處平坦的地點，把車子停好，這樣的地點可以是你車庫前的車道、車庫，或是——以我的情況來說，就在賽車場的維修場裡。更換機油時，可能會漏油，所以要準備好大紙箱或大張的防水布。你還需要熟悉你愛車的狀況，選定合用的機油，並要確定準備好合適的工具和用品。更換機油，一次大概需要花30分鐘。

【找平坦的地方停好車是重要的第一步】

了解你的愛車

鑽到車底下，確定自己知道承油盤、排油栓和機油濾清器的位置。以大部分汽車來說，排油栓都有一個六角頭，機油濾清器則在引擎側邊。如果你搞糊塗了，或是不知道哪個東西在什麼位置，趕快翻閱你的汽車使用手冊。找出引擎蓋下面、用來加入新機油的機油注入蓋，準備好機油量尺，等一下可用來量新機油的油位。

選購合適的機油

汽車使用手冊上都會載明最適合你愛車使用的機油種類和添加量，以及合適的機油濾清器尺寸。機油的種類很多，黏度、重量和成份各不相同。爲了避免搞混，一定要隨時記住，不管是那種車輛或駕駛狀況，合成機油都能提供最佳的性能表現。

工具和用品

❶ **汽車使用手冊**。

❷ **新機油**：參考汽車使用手冊，看看上面建議使用何種黏度的新機油，以及要使用多少量。

❸ **新的機油濾清器**：汽車使用手冊上會載明應該使用多大的機油濾清器。

【找平坦的地方停好車是重要的第一步】

❹ **接油盤**：用來接住換下來的舊機油。到附近汽車用品店買一個。

❺ **套筒手扳手或T型扳手**：你家附近的汽車用品店可以幫助你做出最正確的決定。

❻ **機油濾清器扳手**：買一個跟你的機油濾清器大小相配的。

❼ **漏斗**：在注入新機油時可以使用。

❽ **機油量尺**：通常就插在機油注入口裡。

更換機油

開始更換之前，確定車子已經熄火，引擎還是溫熱的。車子應該停妥，或是，如果是一般車輛，打在第一檔，拉起手煞車。接著，按照以下步驟進行：

❶ 找到引擎的承油盤和排油塞。

❷ 把接油盤放在排油塞下面。用扳手轉開排油塞，讓舊機油流進接油盤。

❸ 舊機油流乾後，把排油塞鎖回去，鎖緊。

❹ 卸下舊的機油濾清器，把裡面剩餘的機油倒進接油盤。

❺ 滴一些新機油在新機油濾清器頂端接頭四周，然後再把它裝上去，這樣子下次要卸下來時，就會很容易。按照反時針方向把新的機油濾清器鎖緊——但不要鎖太緊。

【找平坦的地方停好車是重要的第一步】

❻一旦鎖緊機油濾清器，扭開機油注入口的蓋子，插入漏斗，倒進新機油。

❼加入新機油後，用量尺測量機油的油位，看看有沒有達到使用手冊建議的正確高度。機油加得太多，會造成機油外漏，造成汽車受損。

❽鑽進車底，檢查看看有沒有漏油。

❾發動引擎，讓汽車低速運轉一會兒，再度檢查看看有沒有漏油。

❿記得小心處理換下來的舊機油。新機油的瓶子要留著，把舊機油倒進去，再拿去處理。問問有關單位，看看你應該如何處理舊的機油濾清器和舊機油。

定期更換機油相當容易——容易到你不需要動用我所屬車隊的維修團隊。

059 整理草坪

大衛・梅洛 David Mellor

大衛・梅洛是波士頓芬偉公園（Fenway Park）的土地管理主任。他是《草地聖經：如何讓草地又綠又整齊》（The Lawn Bible: How to Keep It Green, Groomed）、《一年四季皆成長》（Growing Every Season of the Year）和《完美畫面：草地、風景與體育場地草地整理技術》（Picture Perfect: Mowing Techniques for Lawns, Landscapes and Sports）等書作者。

你不需要動用到一台又大又炫的專業割草機，就可以像專家那樣把自家的草地整理得很整齊。最簡單的手推式捲輪割草機，就可以讓你把草地割得很整齊，效果不輸最複雜的平台式割草機——或是花錢請到的最貴草地整理公司。請遵循以下幾項簡單原則：

開始割草之前，必須先做3件事：

❶ 檢查你的裝備。確定割草機的刀片還很銳利。不銳利的刀片不能把草割掉，而是把草撕裂，讓它們產生壓迫感，變得很容易生出雜草和感染疾病，也使整個草地呈現出高低不平、雜亂的景觀。每一季應該磨利割草機的刀片3次。

❷ 調整刀片，讓你在割草時，刀片只能割掉草的頂端的1／3。這就是所謂的「1／3法則」。不管草長得有多長——或是你有多麼想要把草地割得多短、多整齊，割掉的長度都不要超過草原有長度的1／3。如果割

【每次只能割掉草的1/3高度】

掉的長度超過草的1/3，將會使草的根部系統變得很虛弱，很容易生出雜草，草也容易感染疾病，和容易受到熱傷害（Heat Stress）。

❸在決定什麼時候整理草地時，不要看日曆，而是要去看看你的草地。簡單來說，當你家草地的草再度長到你上次割草時的高度時，就是該割草的時候了。雖然說，把割草時間定在每個星期六下午2點，比較容易得多，但事實上，應該讓草地來告訴你，什麼時候該割草了——也就是說，它已經長到超出理想高度的1/3了。而草地的成長情形，決定於你家草地的大致健康情況、陽光、雨水多寡，以及你的施肥習慣——而不是日曆。

以下是整理你家草地的12步驟計畫：

❶爲了自身安全以及保護你的設備起見，割草前，先移除草地上的任何雜物（樹枝、石塊，等等）。

❷檢查割草機刀片，看看有沒有設定在你家草地目前的高度。請參考前面提到的1/3法則。

❸首先在草地兩端各割出一道長長的線，並把樹木、花圃、建築物或其他構造物四周的草也割掉，讓你自己等一下有迴轉的空間。

❹在兩端直線中間割出一行行直線。

【每次只能割掉草的1/3高度】

❺ 兩行直線之間要重疊2到3吋（5～7.5公分），如此可確保所有的草都可割到。

❻ 慢慢轉彎，轉彎時，把割草機略微抬起，如此一來，割草機的刀片就不會在原來割過的同一地點上轉動。

❼ 每割完一行就要改變方向。割完一行後，就要改變到45或90度方向再割。這可以防止產生固定的車轍，有助於草兒向上挺直生長，而不會因爲受到持續不變的割草模式的輾壓，而被迫向兩側生長。

❽ 草還很濕時，不要割草。一團團的濕草會纏住割草機的刀片，讓割草的速度慢下來。結果你必須不斷停下來清理刀片，才能把草割得均勻。

❾ 一定要從後向前推動割草機，絕對不要把割草機向你拉過來，否則你的腳趾可能不保。

❿ 不要在大熱天割草。光是被割，你的草兒就已經很痛苦了——不要再讓它們因爲熱氣和被割傷而更加痛苦。

⓫ 斜坡草地要用對角線方式割草。在斜坡上以直線或橫線割草，不但很難，也很危險。

⓬ 維修你的裝備。每次割完草，要用清水沖洗刀片和其他部位，刀片要維持銳利，檢查一下機油。

060 懸掛國旗

【升旗一定要升到頂點，除非有特殊情況】

惠特尼・史密斯 WHITNEY SMITH

惠特尼・史密斯博士是「旗幟研究中心」主任，也是古董旗幟的講師和鑑定家。他的著作包括《世界各國國旗知識》（Flag Lore of All Nations）和另外22本與旗幟有關的書籍。同時是《旗幟公報》雜誌和「vexillology.com」（旗幟網站）的編輯、旗幟國際協會創辦人、蓋亞納國旗設計人，並且是「vexillology」（旗幟學）這個專有名詞的發明人。

根據現有的禮儀規定，任何國旗都應該以莊嚴的方式懸掛，除非是故意要表達不尊敬之意。幾世紀來，旗子倒掛或是只升到旗桿的一半，被公認為是一種和平抗議，抗議令人不滿的計畫、觀點與個人。美國最高法院甚至承認，人民在行使憲法第一修正案所賦與的言論自由權時，可以合法侮辱或甚至毀壞國旗。

關於國旗展示的問題，還有一些規定要注意，包括國旗大小的選擇，國旗的清潔與修補，國旗在黑暗中的照明（通常是採用聚光燈），以及很多國旗懸掛在一起時應該如何排列。一般美國人都認為，他們有權任意使用星條旗。但事實上，很多大廈和公寓的管理部門卻會要求住戶簽署同意書，保證他們不會在住家外懸掛任何國旗。有些社區限制懸掛商業國旗，視其為一種廣告行為。

懸掛國旗牽涉到實用、法律與社會等各種考量。販售國旗和旗桿的店家可以提供一些技術協助，像是教你如何升旗與降旗，以及在國旗飄揚時，如何預防國旗纏繞。至於有關國旗正確禮儀及象徵意義的問題，則可

【升旗一定要升到頂點，除非有特殊情況】

以請教國旗學家和國旗歷史學家。

在美國，商業生產的國旗，在它的左邊會有一長條帆布，左上方和左下方各會打上一個銅環。用來懸掛國旗的旗索上，有一個夾子，可以勾住國旗上方與下方的銅環。旗索則穿過旗桿頂端的一個小小的滑輪，旗桿最頂端是裝飾性的桿頭，滑輪就在它下面。旗索穿過滑輪後，兩端打結形成一圈，只要拉動這個繩圈，國旗就會升起或降下。

有些國旗（尤其是英國或大英國協的國旗）的頂端則縫了一小段繩索。這種國旗的頂端有一個小繩圈，底部則有一個小套針。它的旗索一端則有一個小套針，可以套進旗子頂端的繩圈，另一端則有一個小繩圈，可以套進國旗底部的小套針。這樣的設計可以防止國旗掛反了，如果是使用銅環和夾子的國旗，這種掛反的情況則很容易發生。

不打算升起的小國旗，通常附在一根小旗桿上，用來揮舞之用，或是插在牆上的架子上。很多辦公室或遊行用的國旗，在它們旁邊有一個套子，旗桿可以插進去。旗桿上的螺釘頭正好可以固定在縫在套子內的皮拉環的小孔上，把國旗撐住。在海上和軍中，國旗的懸掛都有特別規定。

一般來說，國旗都是升到旗桿（桅杆、短旗桿）的最頂端，讓它在那上面飄揚，但在某些情況下，也有特殊規定。例如，在美國，國殤日（陣亡將士紀念日）當天，國旗第一次升起時，是直接升到最頂端，稍微停留一下，就降到旗桿中間，一直到中午。然後再升到最頂端，直到傍晚降下

【升旗一定要升到頂點，除非有特殊情況】

爲止。

任何國旗受到暴風雨（不光是下雨而已）威脅時，應該馬上收起來。傳統上，當一面國旗的狀況已經不適合再懸掛時，就應該燒掉，舉行或不舉行儀式都可以。濕國旗應該先烘乾，再根據標準作業程序摺疊收起。如果是要長期收藏，就不要讓國旗碰到紙箱或木頭（這些都是酸性的）；也應該避免高熱和陽光直射。

061 園藝

莫琳．季摩 MAUREEN GILMER

莫琳．季摩，是「家園電視台」（Home and Garden Television，簡稱HGTV）「週末園藝」（Weekend Gardening）節目主持人，著有15本園藝專書，包括《灑水工程：在花園裡建立灑水系統》（Water Works: Creating a Splash in the Garden）；她也是廣受好評的報紙專欄「花園達人」（Yard Smart）的作者。

談到成功的花園總得回歸到幾個基本原素：土壤、陽光、氧氣、植物，以及最重要的——水。在園藝世界裡，水是一切事物的關鍵，只要把水搞定，你的花園就萬事OK。水出了問題，植物肯定長不好。水讓植物可以透過根部吸收肥料和養分，如此一來，就會讓植物和土壤連結起來。水把細胞和組織合成水合物，把它和植物本身的結構產生直接關係。因此，只要你把水的問題處理得很好，所有事物都將會好好照顧它自己。

以下幾項原則，可確保你的花園欣欣向榮。

❶了解你的土壤

在花園裡挖一個2呎（0.6公尺）深的洞，就會發現花園的真實情況。挖出來的土壤應該是厚且黏、或是軟而多沙——如果你運氣不錯，那麼，你的土壤應該是兩者都兼具。接下來，往洞裡加水。如果水在1個小時內流乾，那表示排水性良好，水很容易滲透；如果一天才流乾，表示排水性一般；如果花上2天或2天以上才流乾，那表示你花園的土壤很厚實、排水性差。這些知識都是你在對花園澆水時，必須要知道的基本資料。

【先了解你的土壤，才知道怎麼澆水】

不要只弄濕表土

❷ 你在澆水時，是不是用手指按住水管，讓水噴出？如果是這樣子，那你不是在澆水，你只是把土壤表面弄濕而已。事實上，這麼做只會讓土壤表面有水，水根本到不了土壤表面下的植物根部。正確的澆水方法，應該是把水倒下去，讓根部完全浸濕。

水要灌得很深

❸ 一棵健康的植物，地下是它的根部，其體積大約相當於地面部分，包括樹幹和枝葉。在「只有表土濕潤」和灑水系統狀況下成長的植物，它的根部只在表土下幾吋深的土壤裡。當土壤表土也乾掉時，植物就會受苦。灌溉得宜的植物，它們的根比較深、範圍也比較廣，因爲它們的根經常有浸到水。想要讓植物的根部生得深，就要把水集中倒在根部。如果是吸水很慢的厚實土壤，你必須在植物底部四周，用泥土建起4到6吋（10～15公分）高的土牆，距離植物底部或根部約6到12吋（15～30公分）。這可以把水留住，讓它慢慢向地下滲透。

不要澆樹葉

❹ 在大太陽下澆水時，不要澆植物本身，同時也要注意，不要澆到底部的樹葉，因爲它們會反射陽光，導致葉面被燙傷。如果你想洗掉葉子上面

的泥土或灰塵，只能夠在清晨或傍晚太陽低垂時這樣做。

不要挖洞

❺ 大峽谷是被湍急的河流沖刷出來的。花園水管全開時，水的力量很大，也會在你的土壤上造成相同的效果。這會使得植物柔軟的根部暴露在空氣中，並會在1個小時內流失水分，不久之後就會死掉。澆水的時候，使用擴散的噴水頭，製造出「小雨」或「大雨」的效果，形成大量、均勻和柔和的水流，讓土壤保持濕潤。

不要盲目澆水

❻ 如果你對花園裡的植物需不需要水分有點懷疑，那就挖一個小洞，看看地表下的情況。之所以會出現枯萎的葉子，是因爲植物無法從它的根部得到水。原因可能是根被排水不良的土壤浸壞了，或是土壤太過乾燥、導致根因爲脫水而死亡。如果表土是黏土，那麼，地表可能會很乾，甚至龜裂；但在地表下幾吋，那裡的土壤可能會有飽滿的水分，不要根據地表的情況來判斷。

以上這些澆水原則，必須根據觀察的結果來執行。你必須弄清楚地表和地面下的眞實情況，然後才拿起水管。學會怎麼澆水，才是照顧花園最好的法子。

【先從基本技巧學起，然後熟練它】

062 高爾夫球揮桿樂

吉姆‧麥連 JIM MCLEAN

「吉姆‧麥連高爾夫球學校」（Jim McLean Golf School）創辦人，並且是「KSL」房地產公司高爾夫球訓練中心主任。他曾經獲選為PGA（職業高爾夫協會）年度教師，有多本著作，包括《揮桿八步驟》（The Eight-Step Swing）。他並且是高爾夫球電視頻道的指導編審和資深顧問。

大部分高爾夫球手都無法揮出眞正的高爾夫球動作，因爲他們一開始就沒學好。想要學會眞正的高爾夫球揮桿動作，必須從小處開始慢慢學起。

重要的第一步

找一處好的場地來練習，這樣的場地必須有果嶺推擊區、觸打區和一處練習場。爲了讓你進步神速，我們就從球洞附近開始，然後再往回走。

高爾夫球桿

一開始，還不需要用到一整套的球桿。只要確定把手的大小剛好合適、球桿也不會太僵硬，如此才能感受到桿頭的動作。

訓練雙手

打高爾夫球時，你和球桿的唯一接觸，就是你的手。它們控制桿面。

平行站姿打出的桿面，球會直線飛出；閉式站姿打出的桿面，球會向左飛出；開式站姿打出的桿面，球會向右飛出。跟任何使用到球與球桿的運動一樣，你都需要好好握住球桿。以高爾夫球來說，你握把的方式會大大影響你直擊桿面的能力，所以，一定要學會如何正確握住高爾夫球桿。

第一擊

一旦好好握住球桿了，接下來的目標就是創造出眞正的揮擊動作。先從推桿開始，向果嶺前進，這很像是在割草地。用推桿擊球，擊出不同的距離，但不限定目標。努力來個結實的擊發，並且是純滾球，意思就是說，不要試圖把球擊向空中。打在球的赤道部分、把球向前推，不是向上。站好姿勢之後，把推桿下放到地上，在腦海中想像出你的目標，很平順地把你主要的手揮向後方，像是打保齡球的動作。好了，現在，請你拿起球桿，照著做。

技巧

在練習滾球之後，你需要學會正確的擊球與確實的技巧。正確的擊球應該讓推桿桿頭向後揮、微微向上，並在目標線內。目標線就是從球到你預定的目標。在你接觸到球後，推桿頭揮向後內側。你可能會認爲推桿應該直線後退和直線前進，但事實上並不會。相反的，桿頭會循著一個小弧

【先從基本技巧學起，然後熟練它】

形前進。這個弧形適用於高爾夫球所有的擊球。

弧形

在你擊球後，桿頭也會微微向上揮。在完成反手擊球後，桿頭向下朝球揮去。在推球入洞時，從球中心揮過去，然後向上沿著弧形回去，就像圖1。你用鐵桿進行其他方式的擊球時，它的路線看起來是這樣子，就像圖2。

至於你所有的高爾夫球打法，除了打長桿和推桿之外，記著，不要想把球提起來。你一定要學著把球往下擊，就像上方的圖一樣，向下朝球擊去。先擊球，然後再打到地上。把這個觀念牢牢烙印在你腦中。

慣用手臂和手腕

當你開始切球時，要訓練你慣用的那隻手的手臂和手腕。擊球過程中，手腕一定不可鬆動。在不使用球的情況下，練習這個動作。這有點像是反手拍。在用高爾夫球桿練習這動作時，手一定要引領桿頭。

先學小揮桿

先練習正確的小揮桿，方法是把你的90％休閒時間花在你住家附近的果嶺和切球區。看看專家在電視上的表現、或是雜誌上的圖片，學習正確的高爾夫球姿勢。鏡子可以當很好的教練，每天在家裡利用鏡子做短暫練習。

全力揮桿

在對小揮桿和推桿產生信心後，你就可以擴大揮桿。到這時候，我建議你接受一系列的練習。看看你住家附近有些什麼教練，選擇6堂課的訓練，一週一堂。每一系列的練習，要專注於一項技巧，並確定至少要在高爾夫球場上一堂課。很多新手上高爾夫球學校，結果都學得很好，因爲他們在那兒受到教練充分的指導，爲期一連2天或3天。

盡量簡單

高爾夫球是複雜的運動，所以，我希望把它簡單化，越簡單越好。要學的東西很多，這要花很多時間，也要擬定一套聰明的進步計畫。做完這些準備工作後，你的進步會更快，更能從這項運動中得到樂趣。

繼續練習

記得先學會基本技巧，然後開始學習熟練這些技巧。事先有計畫的學生，進步會更快。

【用你的屁股游泳，而不是用膝蓋游泳】

063 游泳

桑莫・山德斯 SUMMER SANDERS

桑莫・山德斯，是1992年在巴塞隆納舉行的奧運會中，獲得獎牌最多的美國游泳選手，共計獲得2面金牌、1面銀牌和1面銅牌。她是「美國廣播公司」(ABC)「NBA內幕」的聯合主持人，並且也是福斯體育台「體育名單」(The Sport List) 的主持人。

裝備

替自己買一套「Speedo」牌的萊卡（Lycra）材質泳裝，並且一定要買緊一點的，因爲萊卡是用聚酯纖維和矽質製造出來的彈性材料，在用過幾次後，就會變得比較鬆一點。還要買泳帽，什麼樣子的都可以，只要戴起來覺得舒服就可以。把泳帽裡面弄濕，如此就可以很容易把它套在頭上。戴泳帽時，抓住泳帽邊緣（邊線貼住額頭中央）、用力拉過來、套在頭上。接著，把所有露在外面的頭髮都塞進帽子裡。泳鏡，多試幾副，找一副最適合你眼睛和鼻子的，確定它們很舒服地貼近你的眼睛，但不會碰到你的鼻樑。

接下來，就要了解游泳本身的動作。游泳有4種游法，我們在這兒將集中討論自由式，這是一種左右換邊的游法。把你自己想像成一隻被插在烤肉串上的豬——當你在水中前進時，身體必須從這一邊不斷轉動到另一邊。利用手臂的拉力、以及腳踏水產生的動力，讓你的身體前進。

【用你的屁股游泳，而不是用膝蓋游泳】

手臂拉力

你的手應該先伸進水裡，向著你希望身體前進的方向划，手臂其餘部分則沿著相同的直線入水。當你開始拉時，把指尖到手肘的這一部分當作是槳，把它划到你的身體下。完成拉力的動作後，你應該轉動臀部，另一隻手和手臂則伸進水中。拉力的動能這時已經接近結束，但你先前划動的力量還存在，得以讓你繼續在水中前進。記住，你不只是向後拉，你是希望身體能夠在水中前進，這叫做「找到新水」。你的槳應該持續保存來自水的壓力。

踢　水

在這方面，大不一定好——小踢水反而更好。有效的踢水應該是你的目標。兩腳分開絕對不可超過1呎（30公分），踢水的力量應該來自臀部——不是膝蓋。你可以彎膝，讓你在踢水時發出「啪」的一聲，但像「騎腳踏車」那樣踢水，只會讓你慢下來。記住，腳肌是身體中最大的肌肉，所以，它們會消耗掉更多氧氣。要聰明地運用自己的兩腳，否則它們會讓你很疲累。

換　氣

你應該挑選一種換氣方式。我喜歡每划3下水就換氣1次。這表示，

【用你的屁股游泳，而不是用膝蓋游泳】

你將會在兩邊換氣，這將有助於維持你划水姿勢的平衡。換氣時，必須先把大部分空氣吐掉，然後再轉動頭部。這使得你可以吸進一大口氣——否則，你將必須在很短的時間內完成呼氣和吸氣。換氣時，不要中斷你的頭部與身體的聯繫，記得先前所做的「被串在烤肉串上的豬」的比喻，不要把頭抬起來。在你轉動身體時，把頭繼續維持在水中，手也一樣。換好氣，然後轉頭，進行下一次的翻轉前進。

換氣時，慢慢把空氣從你的鼻子呼出，這樣子才不會讓水跑進去，但不要一下子就呼完氣，否則，你會沉下去。肺裡空氣的作用就像救生衣，會讓你浮起來。

064 打網球

珍妮佛．卡普利亞提 JENNIFER CAPRIATI

珍妮佛．卡普利亞提，13歲時就成了職業網球選手，她擁有1枚奧運金牌和3次大滿貫頭銜。

裝備

擁有一套正確的裝備，是打網球的基本要求。球拍、握把、服裝和鞋子應該都要讓你覺得很舒服和合身，要緊一點，但也不要太緊。選用的球拍不要太重，平衡感要很好，感覺要很有力，同時，也要讓你覺得可以控制自如。

握把

正確的握把將可以讓你正確揮拍，並和球做出正確的接觸。握把的大小，應該比你握拳的寬度略小一點。要我解釋握把的正確大小，最好的法子就是請你坐在一張椅子上，把一支網球拍平放在你的膝蓋上，拍頭與地面平行。把手張開，垂直放在球拍頭。

把手應該在你手掌的正中央。合起4根手指頭、握住把手，姆指扣在下面。接著，轉動網球拍，讓拍面向上，把它舉在你面前，好像它是你手臂的延伸。伸出另一隻手，輕輕握住網球拍的拍喉（Throat of the Racquet）

【兩眼一定要隨時盯緊球】

做爲支撐。現在，向下微微調整你的手在把手上的位置，然後，把網球拍向上微微舉起，大約舉起20到30度——如果你慣用左手，那就左右手換過來。

站姿

兩腳分開、與肩同寬、膝蓋微彎、身體微微前傾，把全身重量放在腳底前半部。手臂應該很舒服地放在身體前面，球拍微微上揚，左手握住拍喉做爲支撐。不要握住把手太緊，否則你的手會累。腳趾保持一點彈性，球飛來時，便可立即做出反應。兩眼望向前方，看著網子和你的對手。注意球在何時及從何處離開對手的網球拍。

揮拍

假設球向著你身體前方飛來。你可以用一手打這個球——用比較強壯的那隻手。假設你是慣用右手的，球向你飛來時，拿起球拍向後揮，用左臂指向球，同時還要用眼睛盯住。球拍頭的高度應該不高於肩膀，也不能低過手腕。把球拍向後揮，直到它微微脫離你的視線範圍。當你採取行動擊球時，轉動肩膀、手腕、接著兩腳，斜向一邊，調整到和球進行接觸的正確距離。這個時候，你的兩腳應該略微彎曲、分開，與肩同寬，如此，才能保持平衡。正確的接觸點，正好就在你右臂前方。

【兩眼一定要隨時盯緊球】

當球向著你飛來時，轉動你的臀部略微向前，同時移動你的手臂。這樣子，當你擊球時，就可以把全身的力道加上去，讓你擊球時更有力量。當你和球進行接觸時，球拍頭應該和地面形成直角，盡量用網線中央部分擊球。如果球不是向著你正面飛來，你就必須稍微調整腳步，形成與球接觸的最佳位置。把右臂向前划過你的身體，並且向上高過肩膀，完成揮拍的動作。頭部應該保持靜止不動，兩眼要一直緊盯著球！

揮拍完畢，轉動身體、面向網子，準備接下一個球。記得兩眼要一直盯住球，兩腳準備隨時行動（這表示，兩隻腳要不停地跳上跳下，讓你隨時可以調整到正確位置。）

最重要的是要盡情享樂！打網球，一開始會讓人覺得很挫折，但跟所有事情一樣，只要勤加練習，就會打得愈來愈好。

【力道要深，但以被按摩者覺得舒服為前提】

065 按摩

點醫師 DR. DOT

點醫師，又名達特．史坦（Dot Stein），是很多電影明星指定的按摩師。

按摩是解除壓力的最佳方法，而且很容易學。找一個願意配合的對象，試試以下的方法：

❶ 找個空間

沒有按摩桌？找幾條厚毯子，在地板上清出一塊空間。把毯子攤開。附有軟墊的按摩桌最好，地板是次好的選擇。

❷ 安排氣氛

確定房裡很暖和，燈光柔和。這有助於讓接受按摩的人放鬆心情。記得問問被按摩者，他（她）想不想聽音樂。

❸ 換上舒適的衣服

幫人按摩時，你最好穿寬鬆的衣服和運動鞋。

❹工具

毯子、被單和大毛巾，供被按摩者躺在上面，以及用來蓋住被按摩者；把你的頭髮綁起來，不要讓頭髮妨礙到工作；同時，準備好按摩油、按摩乳或按摩膠（按摩液很難用，因爲它老是會形成球狀。）

❺準備

要被按摩者臉朝下躺著（除非她懷孕，如果是這樣子，那最好是坐在椅子上接受按摩），用被單或大毛巾蓋住被按摩者的整個身體，除了你正在按摩的部位。

❻潤滑時間

先在你自己的手上塗油，接著，兩手摩擦、產生熱氣。

❼開始按摩

從被按摩者背部開始，這是最大的按摩面積，而且背部與肩膀肌肉通常是人們最緊繃的部位。雙手按在被按摩者背部、身體前傾，讓你的按摩力道更強。把一隻手放在另一隻手上面，增加壓力，可以讓被按摩者感到很舒服。不要按摩脊骨。手指用力在背部上下移動，沿著脊骨，拇指用力從頭顱下面一直向下按摩，延伸到肩膀的肌肉。在手不離開皮膚的情況

【力道要深，但以被按摩者覺得舒服爲前提】

下，一路向背部下方按摩。隨時要有一隻手按在你所按摩的部位上。

❽手肘

如果被按摩者想要你多增加按摩力道，使用你的前臂（手肘到手腕的部位）和手肘按摩他的肌肉，但要確定避免按到骨頭。

❾大腿

背部按摩20分鐘後，移到大腿。跪在腳邊，用兩手同時按摩大腿，按摩時要運用全身的重量。避免對膝蓋後面施加太大壓力。用兩手搓揉大腿，所有部位都要照顧到。讓接受你按摩的對方感到受寵若驚！

❿腳

要被按摩者仰臥，按摩他（或她）的腳。在被按摩者的膝蓋下放一個枕頭，讓他（或她）感到舒服。用拇指用力揉搓腳弓部位，要一直用力揉搓，否則就成了搔癢。兩手在腳部用力扭轉，紓解腳部的壓力。

⓫溫柔按摩

由下向上溫柔揉搓及拉伸頸部，接著，用指尖搓揉頭皮，好像在替對方洗頭髮一樣。然後，在手上倒少量的油，輕輕按摩臉部。眼睛四周要極

【力道要深，但以被按摩者覺得舒服爲前提】

其輕柔，用力在額頭上做圓形的按摩，紓解頭疼與壓力。記得一定要按摩頰骨和下巴。輕輕捏一下眉毛，把那部位的壓力擠出去。

⓬手臂

每隻手臂都輕輕拉一下，然後從頭按摩到尾。用手抓住手臂，用力按摩，按摩到肌肉深處，但要輕輕按摩骨頭。然後，移到兩手。每根手指頭都輕輕拉一下，用拇指在每個指關節周圍壓一下。

⓭腹部

按摩腹部時，要輕柔，但仍要維持相當的力道，否則會好像在搔癢。兩手合併，放在腹部，由下向上輕輕推到肋骨位置。然後，兩手滑過所有肋骨，並且重複一遍。如果被按摩者懷有身孕，就要特別小心。

【試著在客人面前調杯馬丁尼吧】

066 調杯馬丁尼

岱爾・迪葛洛夫 Dale DeGroff

岱爾・迪葛洛夫，又名「雞尾酒大王」（King of Cocktails），著有《雞尾酒技法》（The Craft of the Cocktail），曾經得過國際警察首長協會（The International Association of Chiefs of Police，IACP）的茱莉亞・巧德獎，被公認是美國最頂尖的調酒師。他曾經在紐約洛克斐勒中心奇異大樓（GE Building）65樓的知名「彩虹廳」（Rainbow Room）和另外幾處知名社交宴會場所，展現他的高超調酒技術。

有人問艾靈頓公爵，他比較喜歡演奏那一種爵士樂，他笑著說：「音樂只有兩種：好音樂和其他所有的音樂。」以下就是我調出馬丁尼的「好音樂」。你需要準備3 C.C.法國苦艾酒和2盎斯（56毫升）的倫敦琴酒。

先把杯子放在冰櫃裡冰一陣子。把冰塊放進調酒杯。馬丁尼應該都在杯子裡調製，而不是金屬容器。先加進幾C.C.苦艾酒，然後加進琴酒。攪拌這些成分和冰塊——如果用的是大冰塊，那就要攪拌50次，如果用的是小冰塊，那就攪拌30次。我們需要的是冰塊溶解後的水；這是很重要的一項成分，因爲它們會中和酒精的辛辣，讓酒的味道變得香甜。把調好的酒倒進V字形的5盎斯（40毫升）馬丁尼酒杯。在杯裡擺進一粒西班牙雞尾酒橄欖，接著，在杯口扭轉一片檸檬，並讓這片檸檬片落進杯裡。記住，杯裡的橄欖不可多過3粒。可以在另外一個小盤子裡放上多餘的橄欖，然後把這個盤子放在馬丁尼酒杯旁。

有幾個訣竅可以避免調出失敗的馬丁尼。苦艾酒一定要存放在冰箱裡。即使是添加了白蘭地的苦艾酒，它仍然還是酒，如果放在室溫裡，就

【試著在客人面前調杯馬丁尼吧】

會氧化掉。就算是大瓶的苦艾酒，如果開瓶後放著幾週或幾個月不用，即使是放在冰箱裡，也會失去味道，所以，只買小瓶的就夠了。如果開瓶後擺了太久，那就拿去煮菜吧！記得買高品質的法國無甜味苦艾酒。過去100多年來，酒保最好的座右銘就是：用法國無甜味苦艾酒調「馬丁尼」，調「曼哈頓」則用義大利甜味苦艾酒。

不要用未過濾的自來水製冰塊。如果你家的自來水未經過濾，那就用罐裝水製冰塊，以免破壞了你的調酒味道。

不要把琴酒放在冷凍櫃裡。雖然說馬丁尼愈冰愈好，但太冰的琴酒在攪拌時無法溶解冰塊，而調酒杯裡有點兒水，則是調出香醇、滑順馬丁尼的重要關鍵。

這讓我不得不回答這個重要的問題：我們該用攪拌法還是搖動法來調馬丁尼？對於應該用攪拌法還是搖動法來調製某種酒，我有一個簡單的原則。如果是含有果汁和甜味成分的雞尾酒，我就採用搖動法；如果是只有酒精成分的雞尾酒，我就採用攪拌法。搖動會增加空氣、氣泡等等，含果汁和甜味成分的雞尾酒，最好有氣泡，喝起來就會覺得這些氣泡好像在舌尖上跳舞一般；而酒中的空氣則會把酒的風味擴散到整個舌頭，讓酒中的甜味不會讓人覺得討厭。但在另一方面，馬丁尼給人的感覺應該是冰涼、滑順和厚重。所以我在調馬丁尼時，就用攪拌法。

但我的建議是，最好的馬丁尼就是調出客人喜歡的那種味道——不管

【試著在客人面前調杯馬丁尼吧】

是攪拌或搖動都可以。不論你是專業酒保，或只是偶爾辦一場雞尾酒會的業餘調酒人，試著當著客人的面調杯馬丁尼。畢竟，雞尾酒會是一種社交活動，人們不僅想分享酒的美味，更想分享酒會中的歡樂氣氛。

067 烤肉

巴比．福萊 BOBBY FLAY

巴比．福萊是「哥倫比亞廣播公司」（CBS）晨間節目的常駐廚師，有多本著作，包括《巴比•福萊烤肉大全：要你起火的125個理由》（Bobby Flay's Boy Gets Grill: 125 Reasons to Light Your Fire!），他在紐約開了2家餐廳：梅莎烤肉（Mesa Grill）和波洛餐廳（Bolo）。

燒烤和烤肉是兩件不同的事情。很簡單，燒烤熟得很快，專門用來料理切得小小的肉、魚和蔬菜；烤肉則很慢。燒烤很容易，烤肉則需要一點技巧。你如果要烤肉，需要的第一件東西就是烤肉架。用不著花大錢買太好的烤肉架，但至少要確定，這個烤肉架附有一個很粗重的金屬烤肉盤、一個很密合的蓋子、穩定的腳架、厚實的烤肉網，頂端和底部都有通風孔，可以用來控制溫度。其他也很實用、但並非必要的附件還有：內建的溫度計、提供更多工作空間的附設小桌子，以及一個附加的旋轉烤肉機。

接下來是買炭，有幾種不同的炭可供選擇。煤炭，店面出售的煤炭有各種不同的形狀，是最受烤肉迷喜愛。天然炭球，是以磨成粉的木材製成，再用天然澱粉把這些木材粉固定成形。合成炭球，這是我們大部分人從小看著父母使用的，但記住，只有事前未浸過燃油的合成炭球才可使用。煤炭和天然炭球可在一般家庭用品店買到，網路上的烤肉用品店也買得到。

買一包火種，這是爲了烤肉而發明的最佳產品之一。你可以在大部分

【烤肉得有點耐心，這等待是絕對值得的】

家庭用品店買到，很便宜。接下來，就開始烤肉吧：

❶ 先在火爐裡放進煤炭或炭球。在火爐底部塞進一些報紙，用火柴點燃報紙。把火爐放在平坦處，看著火勢向上，引燃火種和炭球。大約10分鐘後，你就有燃燒得很旺盛的木碳或煤碳，可以用來烤肉。

❷ 小心地把火紅的炭倒進烤肉盤裡，它們提供的熱氣可以維持至少1小時。這最適合用來烤小肉片，像是雞胸、牛排、和豬肉片。但如果你要烤的是較大的肉，像是全火雞或是動物胸肉，這就不行了。大約1小時後，烤肉盤上的熱氣會從500度降到約200度，所以，這時候你就得再加添炭火。

❸ 把廚具減少到最少。烤肉時必須用到的有：一瓶可以噴水的水瓶，用來控制火勢，不讓火勢竄升得太高；一把廚房用的鉗子，用來翻轉肉片；一雙烤箱用的長手套；以及一支肉類溫度計，用來檢測肉的內部溫度。

❹ 選擇肉類：牛肉、羊肉、雞肉?不管選了哪種肉，都可以好好調味，加上鹽和胡椒，並用刷子刷上一些不會破壞肉類風味的中性油，像是芥花油（Canola Oil，加拿大改良的菜籽油）。多調點味，愈多愈好，因爲這

【烤肉得有點耐心，這等待是絕對值得的】

些肉類放上烤肉架時，很多調味料都會掉落。如果你喜歡塗抹香料，那就把整塊肉都抹上，而不是只抹一部分。如果準備了烤肉醬，不要馬上就塗在肉上，等到烤肉的最後15分鐘再塗上。因爲大部分烤肉醬都含有大量的糖，如果太早塗抹，會在肉上燒起來。

❺ 先把肉放在烤肉架上最熱的區域，這樣可以把每一面都烤得很熟，然後再把它們移到不那麼熱的區域，做較長時間的慢烤。大約1小時後，你就得再添點熱炭。

❻ 把烤肉架的蓋子蓋上，坐下來，喝幾罐啤酒。烤肉是要花點時間的，但值得等待。

068 生營火

【完美的露營句點，就在你完全撲滅營火時】

吉姆・派松 JIM PAXON

吉姆・派松是退休的消防員，最近擔任亞利桑納州「羅迪歐・奇迪斯基大火」（Rodeo-Chediski fire）紀念活動的首席公共新聞官。

啊～哈、哈、哈，營火能帶來無比的溫暖和魅力！你有沒有注意到，白天造訪一個營地時，通常沒什麼人會聚集在已經冷卻的營火邊？營火不僅暖和你的身體，也溫暖了你的心。睡前，沉浸在閃爍舞動的火焰之美中，遠方傳來一群野狼的嚎叫聲——這不就是野外露營最吸引人的部分嗎？升起營火是相當容易的，只要遵守一些簡單的安全措施即可：

❶ 最好找以前有人使用過的露營地點，並且有一個用岩石圍起來的營火圈（或是露營區提供的營火圈）。

❷ 確定你的營火圈遠離任何樹木或低垂的枝葉，以免營火延燒到樹木。

❸ 攜帶2根1呎（30公分）長的紅杉木，把它們切碎，用來生火。

❹ 把一些報紙撕碎、當做火種，用碎木片在碎報紙四周搭起小小的圓錐形「帳篷」。

❺ 在帳篷上加上一些乾樹枝和一些木片——不需要加汽油或燃油之類的東西。

【完美的露營句點，就在你完全撲滅營火時】

❻ 只需要一根火柴來點燃報紙，好玩的重頭戲就開始了。

❼ 視情況加入更大量的乾樹枝和劈好的木頭，看看有多少露營者想要分享營火帶來的溫暖，以及大夥互相交流的樂趣，盡量滿足他們。通常還要加上唱歌、說故事等活動，才能使營火晚會更加有趣。

所有人必須記住一件最重要的事：當我們離開時，一定要確定營火已經完全熄滅！以下是一些必要的動作：

❶ 帶一把鏟子和一桶水。

❷ 當營火已經熄滅到只剩灰燼時，在上面澆一些水，並用鏟子攪拌。用鏟子挖到營火的最底層，澆水、攪拌，再澆水、攪拌，直到所有煙霧和蒸氣完全消失。

❸ 用你的手背小心測試灰燼的熱氣（請用手背，不要使用手掌和手指，以防被燙傷。）如果還覺得有點兒熱，那就再加水和攪拌。你當然不想在無意中引發森林大火，那可能會燒毀寶貴的森林和野生動物資源，甚至還可能威脅到住家安全。所以，我們要有信心，深信我們不僅可以生起一個安全的營火，也能夠把營火撲滅——徹徹底底撲滅。

祝你有一次安全、快樂的露營！

【最有趣的笑話通常發生在你身邊】

069 說笑話

霍伊・曼德爾 HOWIE MANDEL

霍伊・曼德爾，喜劇演員。

比說出一個好笑話更困難的事，就是教某人怎樣說出好笑的笑話。說真的，我本人並不喜歡說笑話。我覺得，根據事實發揮出來的幽默感，其實更好笑。如果某人告訴我一個好笑的故事、而我相信那是眞實發生過的事，那會比某些捏造出來的笑話，更好笑，會使我笑得更大聲。

因此，我的說笑話理論就是：如果你在說笑話時，一開始就宣布：「我要說一個笑話」，那就等於給予聽眾一個聽好笑笑話的期待，但這通常是你辦不到的。其實，光是提到要說笑話，就已經替自己帶來很大的壓力了。事實上，有些人甚至會使這種情況更加惡化，因爲他們往往會說：「我要說一個眞的很好笑的笑話」，或是「你聽聽這個笑話」，或是「我今天聽到一個最好笑的笑話」，這時，你的聽眾不僅會期待聽到一個笑話，而且是個最好笑的笑話。

在一個很浪漫的場合裡，你絕不會這樣宣稱：「我要講一些會讓你情慾高漲的事。」你一定是直接就說了出來，並且期待會獲得最好效果。而且，萬一失敗了，還可以設法替自己挽回面子，你可以這樣說：「這只是個笑話，但不是最好笑的，也不是最偉大的，這只不過是個笑話。」

絕對不可低估意外驚喜的效果，同時，如果先替自己預留後路，那更是安全無虞。如果你是在大家沒預料到的情況下說出一個笑話，這樣的驚喜會帶來十10倍的笑聲。但是，在此同時，如果沒人有任何反應，你也可以解釋成：「那不是什麼笑話，我只是想讓娛樂一下你們而已。」

我一直認爲，眞正會說笑話的高手，都是把現有的笑話加進他們自己生活中的一些體驗，因而創造出屬於他們自己的笑話。想做到這一點，你可以告訴大家，你要說的笑話其實眞的發生在你某位朋友、家人或甚至你自己身上。這通常很有效，除非你的笑話是老掉牙的笑話了；抱歉，如果是這樣子，那連我也幫不了你。

070 當個稱職的主人

南・肯普勒 NAN KEMPNER

南・肯普勒，克麗絲蒂拍賣公司（Christie's auction house）的國際代表，著有《RSVP》（Repondez s'il vous plait的縮寫，意為「敬請回覆」一書）。

招待客人會替你帶來快樂，所以要當一名得體的主人應該很容易。不管你的客人只是過來吃頓晚餐，或是要在你家住上2個星期，你都應該讓他們覺得好像住在自己家裡。而且，不管某些人有多孤僻或害羞，我還沒聽說過哪個人不喜歡盛大宴會的。所以，不管怎樣，在客人來到的那一天，不管發生什麼事，都要放鬆心情。在客人來到的幾分鐘前，就要把所有事情準備妥當，如此一來，你就可以在門口迎接他們，然後一起坐下來，先喝上一杯。最會破壞宴會氣氛的，莫過於客人上門了、卻還忙個不停的主人，或是一直待在廚房出不來的主人。

客人名單和邀請

舉行宴會要準備的第一件事就是客人名單。我建議，如果是晚餐宴會，要給受邀的客人2到3週的回覆時間；如果是午餐宴會，那給就2個星期的時間；如果是正式的聚會就要給客人更多回覆時間，像是晚宴舞會或婚禮，讓受邀者有2到3個月的回覆時間，比較妥當。如果是正式聚會，那就要發出書面邀請函，但如果是一般聚會，那就一一打電話給每位客人。我不贊成列出什麼「候補名單」——第一次就要把你想邀請的客人全部邀齊。

把所有年齡層的客人都混在一起，這是很好的主意，並要想好，有哪些客人是你想要特別介紹給彼此的。在宴會上，客人最好是男士與女士的人數相同，特別是那種大家會坐下來用餐的宴會、或是人數較少的聚會，但如果是大型聚會，像是自助餐晚宴，那就沒什麼關係了。

菜單

擬好客人名單後，接下來就要處理宴會細節問題。花點時間策畫菜單。只要你能讓每個人享用到一份很棒的甜點——尤其是巧克力，那麼，即使他們並不喜歡之前的主菜，他們也都會原諒你。關鍵在於讓客人享用美食，這經常表示，越簡單愈好，不要搞得太複雜。如果你要親自下廚，那就準備你平常就已經很拿手的菜色；如果你沒把握煮出來的東西會是什麼模樣，那就不要嘗試太複雜的菜色。一定要端上雞尾酒和開胃小菜，但不要太過量，因爲你應該不希望客人光吃小菜就吃飽了。焦點應該放在主菜上，而不是那些小點心。

非正式的自助餐會，絕對是我的最愛。我通常在週日晚間舉行義大利麵晚宴，客人人數在10到50個人之間。所有東西都在事前準備好，在客人上門前，就可以全部擺上桌，所以，你就有很多時間可以陪客人聊天。

【遇到狀況就哈哈大笑吧】

布置與座位

忙完菜單後，接下來想想如何把自己的家布置得更漂亮點，讓客人驚艷一下。拿出你最喜歡的碗盤，用在晚宴上。買了些自己很喜歡的東西，但卻一直擺在櫃子裡不用，那有什麼意義？

我個人覺得最好玩的部分，就是安排客人的座位。我喜歡猜想，哪個人喜歡和哪個人坐在一起。我曾經在我的宴會裡湊成幾對情侶，只因爲我把一對合適的男女安排坐在一起。

意外狀況

宴會一旦開始，會發生的問題多得不勝枚舉。有些客人會突然在最後關頭出現、或是帶了未受邀請的朋友同來、或是記錯了日期，出現在另一天的宴會上。有的客人也許必須提早離開，還有人必須很晚才到。廚房也可能出錯，或者可能酒不夠。面對這些意外狀況，哈哈大笑吧。不要因爲某人態度不好，就壞了其他所有人的好興致。

如果多出了客人，只要再加一把椅子就行；如果某人半途離席，就把那張椅子拿掉。最重要的，是讓客人玩得高興，讓客人覺得很自在。

溫馨的氣氛、美食、美酒、好朋友、愉快的交談，這些會吸引你的客人不斷再回來參加你的宴會。

071 當個好客人

愛米・艾康 Amy Alkon

愛米・艾康（Amy Alkon），又名「點子女神」（Advice Goddess），她的全國性專欄相當叫座。

人很討厭。所有的人都是。包括你、我，和珍妮佛・安妮斯頓（Jennifer Aniston）。和我們其他人一樣，你很吵、邋遢、貪得無厭、長得很醜，還有很多惹人厭的壞習慣——如果你在人家家裡待得越久，這些壞習慣會變得不只令人討厭，甚至會惡化到令人難以忍受的地步，這也會使得你成為一名不太受歡迎的上門客人。但從好的方面來看，承認人性醜陋的事實，就是讓你轉變成一名好客人的關鍵，這樣的好客人不僅會讓主人繼續視你為好朋友，更會繼續邀請你去作客。現在，你只需遵守以下這些以醜陋面為基礎的指導方針即可：

作客時間長短

作客時間不要超過3天。3天後，你就會變得像是一個不願意付房租的房客了。

【一定要準備小禮物帶去】

來與去

除非主人在過去曾經展現出未卜先知的神力，否則，就應該避免讓他們猜測你何時要來或何時要離開。把飛機航班或火車抵達時間傳眞給他，或以電子郵件告知，並附上你的手機號碼，以防出了什麼突發狀況。你也要確定有他們的電話號碼，萬一抵達時間延誤，可以立即通知他們。

歡喜來相聚

主人是希望見到你，但可不希望和你結成連體嬰。自己帶些雜誌或書籍、或自己抽個時間出去走走，讓主人也可以有獨處的時間。如果主人爲了歡迎你而安排某項活動，請表現出你的運動家精神，只要是看來似乎不會讓你四肢殘廢、或是聽力永久受損的，任何活動你都可以放心參加。如果有空檔可乘想做某件事，像是出去購物、或出去慢跑，事先通知你的主人，讓他（她）可趁機光著屁股到院子裡曬曬太陽。

保持整潔

保持整潔相當重要。不要把主人當做你媽，讓她老跟在你後面收拾東西——尤其是如果主人眞的是你母親，她在你還是小孩子的時候就幫你收東西，難道還不夠？所以，把你的行李箱收好，個人的東西不要丟得滿屋子都是。記住，你那一大塑膠袋的盥洗用品，絕對不能隨手就丟在浴室

【一定要準備小禮物帶去】

裡，那可不是什麼時髦的浴室裝飾品，此外；用過、而且上面還留有鬍渣的刮鬍刀也要收好，否則那些鬍渣會被視爲「恐怖的生命跡象遺留物」。碗盤用完後，馬上清洗。用完餐後，即使主人要你不必幫忙，也要主動上前幫忙洗洗盤子。不要理什麼「輕便旅行」的說法，相反的，要注重「禮貌旅行」——這表示要帶足夠的衣服和內衣褲，這樣子一來，你在作客期間就不必自己洗衣服了。

小心小孩和寵物

很不幸的，科學家沒能在小孩子或寵物身上安裝一個「暫停」鈕。如果你必須帶著小孩子或寵物前去作客，那不妨考慮住當地旅館（什麼？放棄主人免費提供的住宿？），在做最後決定之前，先把主人家裡容易破碎貴重物品的價格加一加，再計算一下，萬一弄壞了要賠多少錢（以及對你們友誼的影響），然後比較一下當地旅館的住宿費。

伴手禮

不要空手作客。送給主人一個小禮物，一張CD、一罐好咖啡或茶葉，或一本新書，即使主人可能堅持「你只要把自己帶過來就行了」。你在他們家作客期間，請他們吃一餐，或請他們看一場電影。離開後，寫封信（不要用電子郵件）向他們道謝。如果去的時候沒帶禮物，記得回家後補寄一份過去。

變換角色

你可以很有禮貌地易客爲主，從客人變成主人。但從另一方面來說，如果剛剛接待你的主人住在巴黎，而你卻住在美國俄亥俄州的亞克明市，那麼，邀請對方來你家作客，可能就不是最有誠意的角色互換。

072 插花

吉姆．麥肯 JIM McCANN

吉姆．麥肯是「1-800-鮮花企業」（1 -800-Flowers）執行長，著有3本書，包括《一年到頭有鮮花》（A Year Full of Flowers）。

我第一次體會到送花的魔力，這事要追溯到1966年，那時我才十幾歲，第一次和一位名叫瑪格麗特的女孩約會。在母親的建議下，我特地去買了一束鮮花，包括，菊花、康乃馨和玫瑰，共花了我4美元（那是我存下來準備買一張披頭四唱片的錢！）我緊握著那束鮮花，向她家門口走去。我在外面徘徊了3圈，才鼓起勇氣去按她家的門鈴。當瑪格麗特開門、看到我手上的花時，她臉上綻放出我從未見過的、最燦爛的笑容，並一把抓住我的外套，在我臉頰印上深深的一吻。我的臉紅得像關公一樣。

我喜歡看到人們接到鮮花時，臉上露出的愉快笑容——尤其是如果那是意外驚喜的話。不管是買花來送禮、或只是買來讓自己看了高興，以下這些建議，將會幫助你設計和插出完全屬於你的獨一無二的插花。

注意品質

下面的一些注意事項可以讓你的花兒鮮度持久一點：

【所有容器都有變身爲花瓶的可能】

- 先修剪買來的鮮花。在水中用剪刀斜斜剪掉一部分花梗，然後再插到花瓶裡。除去將會掉落在花盆水線下花桿上的任何葉子。
- 挑選你喜歡的乾淨、夠深的花皿，注入溫水，並加入一些鮮花營養液（買花時附贈的營養包就很好用了。）
- 把花皿放在陰涼的地方。不要把花放在陽光直射的地方，也不要接近電暖器。
- 每天加溫水，讓花皿或容器加滿水。每隔3天或4天，把水全部換掉，並且再把花梗剪一次。

插花

- 把重新剪過花梗的花插在花皿裡，插得鬆一點，但要平均。我在設計很專業的插花作品時，最喜歡使用的一個祕訣就是：用膠帶在花皿上面貼出一格格的格子，在每一個格子裡各插上一朵花。這會使得插在花皿裡所有的花分布得很平均。必要的時候，要加點枝葉，把膠帶遮住。

個人化

- 根據受禮者的個性來設計。如果對方個性堅強，選用顏色鮮艷的鮮花；如果對方個性羞怯，則採取柔和色調的設計。

• 誰說一定要用花瓶或花皿插花？相反的，你可以運用想像力！只要準備了插花用的泡棉和塑膠襯裡，你就可以選用澆水器、海灘水桶或甚至節慶用的陶瓷容器（像是，耶誕老人的靴子），都可以做成很好的花器。

替你的傑作加上絲帶或裝飾品——這些你可以自己做，或是在當地花店、藝品店裡選購。蘋果適合送給老師、鈴鐺適合送一對結婚週年紀念的夫婦，這會特別有意義。

保存記憶

很多鮮花可以用乾燥法加以保存，可以一朵朵乾燥，也可以一小束同時乾燥。把花桿上的葉子除去，把花兒綁成鬆鬆的一束。把這束花倒掛在一間陰暗、乾燥、暖和的房間裡（但要確定，花束四周有足夠的空氣流通）。當花桿變得乾燥和僵硬時（大約1或2週時間），就可以拿來保存或展示。

你也可以用重壓法來保存鮮花：一、在書頁上放一張蠟紙，避免把書頁弄壞了。二、把花（整朵花或只是一片花瓣）夾在書中。三、闔上書本，再在上面放上重物。只要2到3週，就可以把花拿出來。

073 餐桌的正式擺設

佩姬・波斯特 PEGGY POST

佩姬・波斯特，是最新版《愛蜜莉・波斯特禮儀大全》（Emily Post's Etiquette）的作者、也是「愛蜜莉・波斯特研究所企業」（Emily Post Institute, Inc）的主要發言人，並且是《好家政》（Good Housekeeping）和《父母》（Parents）雜誌的專欄作家。

漂亮的餐桌擺設，會讓用餐者留下難忘的記憶。但，即使是我的曾祖母——美國禮儀權威愛蜜莉・波斯特，在擺設餐桌時，有時候也還要徵求別人的意見。1922年她出版了的暢銷書《愛蜜莉・波斯特禮儀大全》（Etiquette）後不久，接到一位讀者來信詢問餐桌擺設的問題，她發現自己竟然無法明確回答對方的問題。於是，波斯特夫人決定拜訪第凡內珠寶公司著名的瓷器部門，向他們請教。那麼，第凡內又向誰求助呢？就是波斯特夫人自己的《愛蜜莉・波斯特禮儀大全》，因爲在面對波斯特夫人請教的當時，那位第凡內店員轉身就從書架上拿下那本書。

餐桌的正式擺設

正式的餐桌擺設，桌上每樣物品都要排得很整齊：每樣物品之間的距離都要一樣，餐具要平均分配置於兩邊的座位，餐桌中間的主要裝飾品則要放在餐桌的正中央。一張餐桌上的正式擺設，通常包括以下這些東西：

【宴客餐桌中央得擺裝飾品】

- **上菜盤**：傳統上，餐桌上一定會有個盤子，以免桌上空無一物，這個盤子就叫上菜盤。第一道菜上來後就擱在這個盤子上，而且，即使第一道菜已經吃完並撤走，這個盤子還是繼續留在桌上。然後，等到裝著主菜的盤子端上來後，就可把這個上菜盤撤掉。
- **奶油盤**：放在餐桌左邊，在叉子上方。
- **餐巾**：放在上菜盤中央，或是叉子左邊（不是放在叉子下面）。
- **鹽與胡椒**：放在進餐者容易拿取的地方。如果每個人各有一套，那就要放在每個人餐具的上面，可以放在正中央、或稍微偏一邊。如果是大家共用，那至少每4位用餐者中間，就要擺上一套。
- **水晶杯**：放在每位用餐者餐具的右邊，就在刀子的正上方。要根據大小來擺，第一個會用到的杯子是裝水的高腳杯，放在最左邊，接著是紅酒杯，然後是白酒杯。也可以再擺上其他杯子，像是香檳杯（放在水杯和紅酒杯的稍後方）。
- **座位牌**：如果使用座位牌，不是放在上菜盤上的餐巾上面，就是直接放在餐具組正中央的桌巾上——就在上菜盤的上方。
- **沙拉叉**：放在盤子左邊，在肉叉（或主菜）的右邊。
- **魚叉**：如果會吃到魚，那魚叉就擺在最外側，在肉叉（或主菜）叉的左邊。
- **肉（或主菜）叉**：放在沙拉叉左邊。
- **沙拉刀**：放在上菜盤的右邊。

【宴客餐桌中央得擺裝飾品】

- **切肉刀**：放在沙拉刀右邊。
- **奶油刀**：放在奶油盤上，刀柄向右。
- **湯匙（或水果湯匙）**：放在刀子外面。

每把刀子的刀刃通常都面向上菜盤。不管是什麼刀子，每一組餐具不能超過3把。餐具的排列是按照上菜的順序，如果在甜點前有超過3道菜要上，那麼，第四道菜使用的餐具，就和第四道菜一起端上來；或者，可以把沙拉叉和沙拉刀省掉，等到沙拉端上來時一起帶上來。傳統上，甜點湯匙和叉子，都是在甜點送上之前才擺上。

桌巾

正式餐桌通常都使用錦緞桌布，以及和桌布顏色相配的餐巾；刺繡布、亞麻布或蕾絲桌巾，也可以使用。如果是安排座位的晚餐，使用的桌巾除了要蓋住桌面，四周還應該要垂下約18吋（45公分）。

中央飾品和蠟燭

中央裝飾品應該擺在餐桌正中央。鮮花應該算是中央裝飾品的一部分。可以選來當做中央裝飾品的東西可多了，但不要太過龐大而占據太多桌面。正式晚餐餐桌的蠟燭應該是白色、無香味；客人就座前就要把蠟燭點上，一直點到客人離開餐桌爲止。

074 打開葡萄酒的軟木瓶塞

安德魯．懷爾史東 ANDREW FIRESTONE

安德魯．懷爾史東，懷爾史東葡萄酒廠的銷售經理，參加過ABC（美國廣播公司）寫實影集<單身漢>（The Bachelor）的演出。

讓我們面對事實吧，葡萄酒眞的很可怕。我的家族釀造上好葡萄酒已經有30多年，我想和你分享一個小祕密：葡萄酒的那些語彙、儀式和包裝都被過度渲染了，事實上，阻礙你享受葡萄酒的唯一障礙就是軟木瓶塞。我們爲什麼會把一段樹幹塞進玻璃瓶裡，那是個漫長而複雜的傳統，而且早就應該拋棄了。還好，我們至少已經不再像以前使用羊皮來包住葡萄酒瓶。與謠言正好相反，葡萄酒並不需要透過瓶塞來「呼吸」，所以，旋轉式的瓶蓋其實是更好的選擇——而且比較不會使你開瓶失敗。不過，如果你只是用旋轉瓶蓋的方式來開瓶，和你約會的女伴可能就不會對你留下深刻印象。

簡單就好——但也不能太簡單

打開葡萄酒瓶，應該是一種快速、但令人滿意的過程。只要花點錢，就可以買到各式各樣的開瓶器材，讓你很輕鬆就能把葡萄酒打開。但爲什麼要讓科技奪走你所有的樂趣？我比較喜歡傳統的「侍者瓶塞鑽」，就是大部分餐廳使用的那種可以開合的開瓶器。它很小、容易使用，而且很有效率，並且讓你很有參與感。它包括一把刀子、一條「蟲」（螺旋鑽），以及把手，這些全都是開葡萄酒瓶時會用到的。你可以購買比較耐用、做工良好的不鏽鋼材質開瓶器，這可以在菸酒專賣店或一般廚具店都買得到。便宜的軟木塞開瓶器用上一、兩次沒有問題，但用不了多久，你就會發現，用便宜的「蟲」開出來的酒瓶，裡頭都是「蟲」（破掉的軟木塞碎屑、玻璃碎片等等）。

除去錫箔

錫箔是包住瓶頸的覆蓋物，它們的材質各異，有的是錫，有的是塑膠。它的用途有點像包住你新CD的塑膠盒，換句話說，幾乎一點用處也沒有。拉出開瓶器上的錫箔刀，把開瓶器橫放在你手指底部，手掌向下、刀刃向下對著你的手腕；另一手拿著酒瓶，把刀刃放在靠近瓶子邊緣的隆起部分的頂端。壓住刀刃，拇指緊貼住瓶頸做爲支撐。現在，只需扭轉瓶子和刀刃幾次，就可以除去錫箔頂端，讓瓶塞顯露出來。用乾淨的餐巾或紙巾擦拭瓶頂，除去任何軟木塞或錫箔殘渣。你將會發現，只要小心運用這項小技巧，在整個過程中，你拇指的任何部分都不會碰到瓶頂。

把「蟲」塞進去

現在，把錫箔刀收進開瓶器裡。拉開「蟲」（螺旋鑽），把螺旋鑽的尖端放在軟木塞中央——螺旋鑽應該和木塞垂直，不要有任何角度。充滿信心地把螺旋鑽向前推進，轉動螺旋鑽。這將會使螺旋鑽鑽進木塞裡，緊接著可以把螺旋鑽繼續向下鑽。轉到距螺旋鑽的頂端只剩一圈時就停止。接下來，就是最有趣的部分了。

拉出軟木塞

把開瓶器把手的第一圈固定在瓶邊緣，慢慢把軟木塞拉出來，必要的話，用另一隻手穩住把手。這項動作應該能夠把軟木塞從瓶頸拉出來，而且經常會發出「啪」輕脆的一聲。成功了，一陣美妙的酒香充斥在空氣中，這是用餐前的完美序曲。

假以時日，這種打開葡萄酒瓶塞的動作，將會成爲你的拿手絕技。與大多數事情一樣，多加練習就會熟能生巧——而且，不管練習得如何，開瓶後，一定都有好酒可喝。敬你一杯！

【請用全身感官來品酒，包括你的聽覺】

075 品酒

安東尼·迪亞斯·布魯 ANTHONY DIAS BLUE

安東尼·迪亞斯·布魯是《祝你有好食慾》（Bon Appétit）雜誌的葡萄酒與烈酒編輯。他的「生活時尚」（Lifestyle Minute）廣播節目曾經贏得「詹姆斯·比爾德」獎，並分別在洛杉磯的KFWB和紐約的WCBS兩家電台每天播出。他有多本著作，包括《烈酒大全》（The Complete Book of Spirits）。

喝酒和品酒是兩件很不一樣的事。喝酒是你和朋友們在餐廳、酒吧和宴會上進行的一種社交活動，品酒則需要專注和不受打擾。喝酒的目標很單純——解渴、滋養提神，把自己灌醉；品酒則是一種很複雜的智慧活動。

如果你想成為酒類專家，那你必須先品酒再喝酒。品酒，能讓你的內心了解即將喝到的酒，因此能豐富你個人的感官印象檔案。每一次的品酒經驗，都能讓你更新你的酒類知識。

品酒必須動用你所有的感官，唯一不需要用到的只有聽覺（但也有人說，酒杯相碰的叮咚聲，不就說明了品酒也得運用聽覺）。品酒的過程會輪流運用到其餘的感官——先是視覺，接著是嗅覺，然後是味覺和觸覺。以下介紹的一步步技巧，將讓你能夠真正品出酒的美味。

❶看

倒1或2盎斯（28～56毫升）的酒到高腳杯裡。對著白色背景（通常

【請用全身感官來品酒，包括你的聽覺】

是桌布），以45度的角度搖動酒杯。仔細看著酒杯。杯裡的酒是否清澈和鮮艷？如果混濁，那可不是好酒。如果白酒裡有些褐色痕跡，或是紅酒呈現紅磚色調，那就表示這些酒有點氧化或開瓶後擺太久了。觀察這些顏色最好的部位，就是傾斜酒杯的上端半圓形部分。

❷聞

你的鼻子是很敏感，可以聞出上千種個別的氣味。「嗅」出酒味，是品酒的重要關鍵之一。拿起酒杯搖晃，讓酒在酒杯內旋轉。正確的酒杯是酒杯底部很深而圓，但上半部則很高、像煙囪——可以讓你這樣旋轉，而不會讓酒溢出。安全起見，不要高舉酒杯搖晃，改而在桌面上搖，搖晃的範圍大約是25分美金硬幣大小（約10元新台幣的大小）的圓形。這樣做的目的是爲了創造杯裡酒更大的表面積，讓它發出更強的香氣。現在，對著酒杯深深吸一口，不只是稍微嗅一下而已。

你希望聞到的是令人感到愉快、濃郁的香味。你想聞到水果、香料和橡木正確比例的混和香味。你不想聞到的是醋、野草或草根的氣味，當然更不想聞到腐壞的氣味，尤其是發霉的氣味。

❸品嘗與觸摸

該是把酒倒入口中品嘗的時候了。把1盎斯（28毫升）的酒倒入口

【請用全身感官來品酒，包括你的聽覺】

中，讓酒在口中轉動一圈、發出沙沙聲，吸入一些空氣到口裡，增加酒的風味，然後把酒吞下（大多數品酒專家會在這時候把酒吐出，而不是吞下。不過，若是在餐廳裡，把酒吐出，是很不雅的。）

看看有沒有水果味（果酸會增加葡萄酒的風味），以及微妙的香料、橡木或草香的變化（這些則會增加葡萄酒的複雜性）。拿起酒瓶，感受一下它的質地、重量。看看有沒有什麼缺點，或是有什麼失去均衡的地方。注意香味停留在口中的時間長短。想想看，你正在品嘗什麼、這瓶酒現在是不是可以喝了、或是應該再儲存個1或2年？以這樣的價格買到這樣的酒，值得嗎？和這種酒的其他同類比起來，你覺得這支酒好嗎？

品酒是很嚴格的過程，可以大大增加你對葡萄酒的享受和了解。

076 拿筷子

里克·費德里柯 RICK FEDERICO

里克·費德里柯是「P.F. 張中國小酒館股份有限公司」(P. F. Chang's China Bistro, Inc.)執行長兼董事長，擁有107家「P.F. 張中國小酒館」和46家「Pei Wei 亞洲餐廳」(Pei Wei Asian Diners)。

中國人使用筷子已經5000多年。我拿筷子的時間倒沒有那麼久，只不過是最近幾年才經常拿筷子。請遵照以下這些簡單步驟，很快的，你就可以很輕鬆地拿起筷子：

❶ 如果筷子是連著的免洗筷，那就把它們拉開。

❷ 把下面那根筷子較寬的那一頭放在你拇指與食指之間的V字形部位。用小指和無名指支撐筷子。手指應該彎曲向著手掌。

❸ 上面那根筷子夾在食指和中指指尖間，並要靠著拇指。

❹ 切記，兩根筷子的長度要一樣，筷尖要對齊。如果其中一根筷子的尖端比另一根突出，那就很難用筷子夾東西。(圖❶)

❺ 用筷子夾食物時，下面那根筷子應該靜止不動——只有上面那根筷子才需要轉動，以拇指當做軸心。(圖❷)

如果以上方法無效，那麼，你可以臨時製作出一雙「懶人筷」：

【餐巾紙是學會用筷子的超級輔助品】

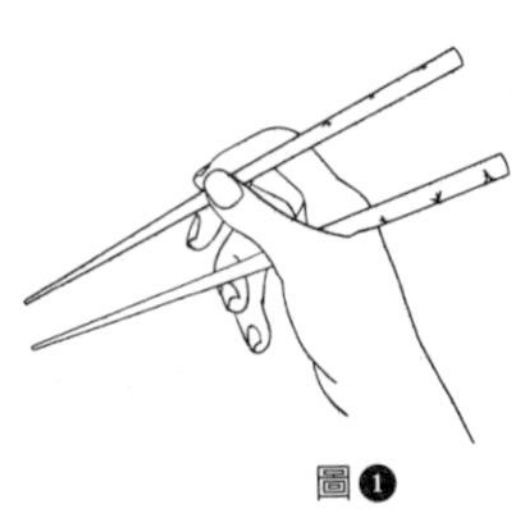

圖❶

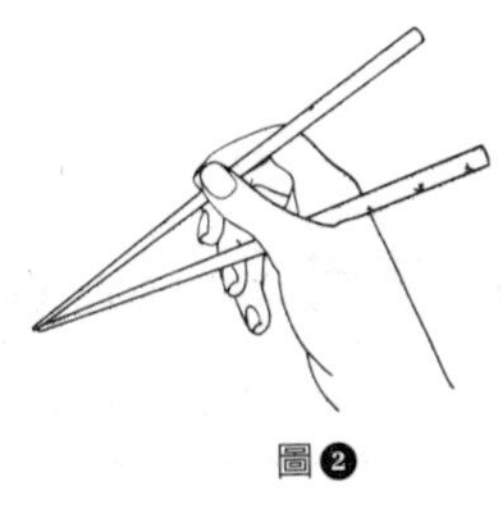

圖❷

❶ 把紙餐巾摺成約3／4吋（約2公分）厚度的正方形。把這個紙餐巾放在兩根筷子較寬那頭的中間。這張紙餐巾的作用就像支柱或彈簧，用來撐開兩根筷子。

❷ 用橡皮筋把紙餐巾和筷子綁起來。橡皮筋綁得愈緊，筷子的功效愈佳。你即將用來夾食物的兩根筷子的尖端，這時將分開約2又1／2吋（約6.3公分）。

❸ 一旦把筷子綁好了，就把它們放在上面介紹的手指位置裡。

❹ 想要夾起食物，只需把筷子用力夾緊。

077 舉杯祝賀

卡列・隆尼 GARLEY RONEY

卡列・隆尼，「婚禮網站」（The Knot. Com）的聯合創辦人和總編輯，有多本著作，包括《真實世界的婚禮大全》（The Knot Complete Guide to Weddings in the Real World）。

當你很榮幸地被要求舉杯祝賀時——不管是在婚禮、退休酒宴或商業聚會上，來賓們對你是有某些期待的。他們希望你的致辭很清楚、簡潔、冷靜且很吸引人。只要遵守以下8點，就可以在舉杯時說出很棒的祝賀辭：

❶簡短

不要把舉杯祝賀當做是要你拿著手上的酒杯發表演說。演說可以說得又長又深入，但舉杯祝賀的內容應該很單純、簡短。致辭時間得控制在2到3分鐘，如果致辭人不只一個，那致辭時間還應該更短。

❷輕鬆一點

一開始，就來點幽默的。開場白不要太驚人，沒有人期待你和脫口秀名嘴大衛・雷特曼（David Letterman）那般厲害。但說點你敬酒對象的趣聞，包括他這個人、在某時某地發生的一些趣聞，這是引起來賓共鳴的其中一種好方法。試著讓來賓們露出微笑——如果他們哈哈大笑，那更好。

❸ 讓大家都聽得懂

你說的任何笑話或趣聞都應該讓在場所有來賓都聽得懂，所以，要事先了解致辭對象的背景：他們的年齡層及社會經驗。不要說些只有少數來賓才聽得懂的「內幕笑話」或「參考資料」。不把所有來賓納入你的致辭對象，那會被視爲是失禮行爲。

❹ 引用別人的話

有時候，引用別人的話，反而更容易表達你的心情。引用別人的話時，一定要確定，它和你有眞正的迴響，而且和你想要分享的訊息或理念有關係。選好想引用的話，然後帶著信心、最眞誠的情緒以及理解，將它說出來。但要記住，並不一定要引用別人的話，如果覺得這些話有點虛僞或造假，那就不要用。

❺ 事前演練

致辭應該自然且眞誠，但在起身站到人群前面之前，你應該對於自己想說些什麼，事先有個概念。關鍵在於練習，但不要露出事前演練的痕跡。只要知道個大網——開頭的趣聞、名人語錄、以及想表達的重點，但不必一個字一個字背誦。如果擔心自己上場致辭時記不住所有重點，那就準備一張小卡片，在上面寫下幾個關鍵字，用來提醒自己。

❻嘴巴放乾淨

不管來賓當中有些什麼人，致辭時絕對不要說些不乾不淨的話，一句也不行。這不是說髒話的時機，即使只是暗示性的也不可以，所以，一定要讓你的致辭內容保持乾淨與莊重。

❼看著對方

如果你是對著某人舉杯祝賀，那就要把身體轉到他（她）的方向，在你致辭時，要不斷看著他（她）。然後，再掃視全場，讓全場來賓覺得他們也被包括在內。

❽放輕鬆

拿起麥克風前，用力吸幾口氣，想些愉快的事情。開始致辭時，慢慢說，面帶微笑。記住：舉杯祝賀最美好的一件事，就是當你致辭完畢後，喝下的那一口酒。

The Big Life

美好生活

078 呼吸

比克拉姆．喬杜里 BIKRAM CHOUDHURY

比克拉姆．喬杜里（Bikram Choudhury）是遍布全球的「印度比克拉姆瑜珈學院」（Bikram Yoga College of India）創辦人，也是《比克拉姆瑜珈初級班》（Bikram's Beginning Yoga Class）一書作者。

呼吸就像是心臟與肺臟的婚姻，它把生命傳送到頭腦，並且充當身體與意識的連接橋樑。如果想要過更好、更長壽和更健康，你一定要加強正確呼吸的能力。

大部分人終其一生只利用了他們肺功能的30～40％，完全沒想到要如何正確呼吸，以及如何控制呼吸。第一步就是了解如何正確控制你的肺，讓它發揮最大功效。想要達到這個目的，可以學習哈達瑜珈（Hatha yoga），這種瑜珈強調身心合一。哈達瑜珈的主要觀念之一就是「呼吸控制法」（Pranayama）。

「Pran」的意思是「生命力」，指的是瀰漫及維護所有空間與物質的能量，而這種能量主要是經由呼吸取得。「Yama」的意思是「正確的方法」，把它和「Pran」結合起來，「Pranayama」的意思就是指如何正確呼吸。我會在所有瑜珈課程一開始就教導學生學習呼吸控制法，並且證明這是一種科學性的呼吸法，可以幫助肺臟淨化被污染的空氣，加強呼吸和循環功能，進而改善整體健康。

【活到老，就深深地呼吸到老】

這種呼吸運動的主要焦點，就在於經由最大的擴張與收縮，增加肺臟的功能，這已經被證明，能夠強化肺臟組織的伸縮潛力，並且增加肺部的氧氣量，平均可達到從事任何其他運動者的4倍之多。如果你剛開始練習時，無法完全支撐6秒鐘，請不要洩氣——只要多加練習，肺功能就會增加。我建議你站在鏡子前練習。

❶兩腳合併站立，腳尖對著鏡子。兩手交叉握緊，手掌併攏，把交叉的手指關節緊貼住下巴。在整個呼吸運動過程中，指關節要一直保持緊貼住下巴，兩隻手肘盡量靠緊，腰部挺直。

❷嘴巴緊閉，經由鼻子深深吸氣、經過喉嚨，讓肺臟從底到頭充滿空氣，就好像你把一杯水灌進肺裡一樣。吸氣應該很緩慢、穩定，要足足吸氣6秒。因而產生的壓力應該會在你喉嚨後方產生打鼾的聲音，而不應該像吸氣的聲音。吸氣期間，同時張開兩肘，一直到讓前臂最終碰到耳朵。

❸數完6秒後，微微張開嘴，讓空氣緩緩經由嘴巴呼出，再數6秒。同時把頭盡量往後仰，繼續把指關節緊貼住下巴、手指交叉、腰桿挺直，把你的手臂、手腕和手肘同時向前移，在你胸前相會。呼氣結束時，你的

手肘、手腕、手臂和仰視的臉孔，將會停留在與天花板平行的一個平面上。

❹ 接下來進行第二次吸氣，閉嘴，同時緩慢地移動手臂和頭，數6下，直到下巴與地板平行，手肘再度向上。如此循環連續進行呼吸練習，做完10回合後，兩臂放下到身體兩側，休息一下。

呼吸控制法是進行任何體能活動前，很好的熱身運動，並且可以做爲每個人練習正確呼吸的堅強基礎。記住：從頭開始學起，永遠不嫌晚，永遠不會太糟，你永遠不會因爲太老或身體健康太差，而無法學習這種呼吸法。

【藉進食產生熱量，是保暖第一要訣】

079 保暖

吉姆．惠塔克 JIM WHITTAKER

吉姆．惠塔克是第一位登上聖母峰的美國人。
他著有《邊緣生活：聖吉姆．惠塔克聖母峰回憶錄》（A Life on the Edge: Memoirs of Everest and Beyond）一書。

體熱是身體保暖的重要要素之一，如何在戶外探險活動期間創造及保持體溫，可能就會決定一個人的生或死。

首先，你體內必須有火（新陳代謝），而且是以華氏98度（攝氏36.6度）的溫度燃燒。就如營火需要氧氣和木頭才能燃燒，你的身體則需要氧氣和食物。沒有了其中一項，營火將會熄滅——你則會死亡。

1963年5月1日，我以缺氧狀態從聖母峰峰頂下來。我算錯了補給品數量，而且又必須在27,500呎（8382公尺）高的三號營地過一夜。當時的氣溫是華氏零下25度。我蜷曲在那個可以抵抗華氏零下30度低溫的睡袋內，冷得要死。然而，在前一天晚上，我卻半裸著身體睡在同一個睡袋裡，而且覺得很暖和。最大的差別是，我前一天晚上有氧氣可吸。

我躺在那兒，等待天亮，體內的「火」因爲缺氧而慢慢熄滅。我感覺到體內的熱氣正慢慢離開我的手、腳、手臂和腿……它們正從我體內撤退。等到天空露出第一道曙光，我馬上衝下山到二號營地，接著又奔向17,500呎（5334公尺）的基地營，那兒的空氣已足夠呼吸用。我很幸運，

【藉進食產生熱量，是保暖第一要訣】

沒因凍傷而必須切除任何器官，只有小小凍傷。

缺乏食物或燃料，「火」會熄滅。我的一位朋友向我抱怨，他那個可以耐華氏零下30度低溫的睡袋一點用也沒有。他說，他拿了睡袋回到塔科馬（西雅圖南方）家中，把它鋪在床上、打開窗戶、睡進袋子裡，卻整晚冷得發抖。他很瘦，但是……追問之下，他坦承，當天沒吃晚餐，早餐是他主要的一餐。

他體內的「火」需要燃料。睡袋只能夠維持袋內原有的溫度就和保溫瓶一樣，瓶內只能維持它原來就有的溫度。先做些小運動、並且深呼吸，讓自己溫暖起來，然後再進入睡袋內，就可以保護你的身體，對抗外面的低溫。即使只是這樣子稍微動一動，就可以讓你的身體保持溫暖。如果氣溫變化很大，可以用多層次的衣服來應付。如果天冷了，多加一層衣服；天氣熱了，就脫掉一層。經常注意天氣，提防天氣發生變化。

我們也可從其他哺乳動物身上學會如何保溫。鯨魚是靠體內脂肪保暖，而且他們也靠著脂肪得以浮在水面上——當然，我們不需要靠增加體重來保暖。不過，有兩種天然產品，對保暖很有幫助：

❶羊毛

犛牛、駱馬和綿羊可以從海平面高度行走到18,000呎（5486公尺）的高原，他們都能夠適應很熱和很冷的環境——因此，羊毛是種很神奇的纖

【藉進食產生熱量，是保暖第一要訣】

維。在濕冷的天氣裡可以保暖，適用的舒適範圍很廣，而且，採羊毛並不傷害綿羊本身。

❷羽絨

另一種神奇的絕緣體是羽絨，這是從鴨和鵝身上取下的。鳥兒的身體必須很輕盈，才能在天上飛，而且，它們還必須在大雨、冰雹和大雪中飛翔，並且飛越酷寒的極區。想像那種寒風刺骨的感覺！「向鳥兒學習吧，盡量穿輕一點，」我的老朋友艾迪•鮑爾（Eddie Bauer）經常這樣說。他是把羽絨外套引進北美洲的第一人。在重量和適溫範圍方面，任何人造產品都比不上羽絨。在潮濕天氣裡，你可能得在羽絨外衣上套一層防水衣。但在乾燥天氣裡，只穿一件輕而暖的羽絨衣就夠了；你的羽絨內衣、套頭衣、或羽絨厚夾克，都會讓你覺得很舒服，這肯定是最好的保暖衣物。

所以，保暖的關鍵就在於運動、吃多一點、深呼吸以及多穿幾層衣服。有時候在山上，萬一碰到緊急狀況，在沒有其他熱源情況下，你可能得脫掉所有濕衣服，並在身體還很溫暖的情況下，鑽進睡袋裡。

080 美姿

珍妮佛・林格 JENIFER RINGER
珍妮佛・林格是紐約芭蕾舞團的主要舞者。

你的外表光鮮亮麗，鞋子、外套和手提袋搭配得很完美。你的頭髮燙得很漂亮，笑容美得無懈可擊，而且一天下來，你昂貴的裝飾都沒變形，也沒在刮鬍子時刮傷自己。但只要朝鏡子看一眼，你就會發現，有些不對勁。鏡子裡面不但不是個耀眼的電影明星，反而是個儀態不佳、缺乏自信的人，他（她）正不安地看著你。

還好，只要有好的儀態，就可以改變這所有的一切。一位女性充滿自信地踏入一個房間，雙肩後挺、頭抬得高高的，只要眉毛一挑，就可以迷倒所有人。一位男士挺直腰桿站立，方正的下巴以正確角度上揚，就會從一整間的邋遢男士們中脫穎而出，好像鶴立雞群一般。好的姿態很容易就能培養出來，而且，一旦學會之後，整個房間裡的人都會對你投以羨慕的眼光。

培養出正確儀態的步驟很簡單，先從腹部開始。下腹部應該向著脊骨後縮——而不是向上擠向肺臟。同樣的，肋骨也應該緊緊貼住高高挺起的胸部、兩肩後挺，放輕鬆。鎖骨朝下、下巴微微上抬，創造出像天鵝般長

【該縮的縮、該挺的挺，重點是要拉直身體】

長的頸子。整個感覺好像是，你的身體正被一根繫在頭頂的繩子往上拉，整個脊骨也被拉長。而在這具姿態優美的身體上，至少要出現一絲微笑，眼光專注有神。

如果你穿高跟鞋，一定要找出能夠讓你穿上後，顯示出修長玉腿、走起路來搖曳生姿的鞋子，而不是逼迫你以痛苦的小腳步前進的鞋子，這樣一來，日子一久，你一定會偷懶，想恢復以前邋遢的姿態。不要放棄！繼續緊縮小腹、挺起胸膛，記得雙肩維持在你的臀部正上方。高跟鞋不是讓你姿態不良的藉口，如果你穿上後很疼，那很不幸的，你一定買錯鞋子了。就如我母親經常告訴我的：「愛美，不一定就要忍痛。」

好的姿態可以讓你變成另一個人，它可以讓你從一個只是擁有美貌的女子，瞬間變成艷光四色、讓人看了會掉出眼珠子的大美女。但是，穿著高跟鞋的女士們，何不要在滑溜的路面邁開大步前進——除非你打算在大理石台階上滑一跤，破壞你的美姿，以及摔斷有如天鵝般的美麗頸子。還有，男士們，也許你們該以奔跑之姿去追心愛的灰姑娘，但在你沒命奔跑時，可是很難維持英挺姿態的，你一定不想破壞了如此辛苦建立的良好形象吧！

081 微笑

強納森・李文 JONATHAN LEVINE

強納森・李文博士，是專門生產牙齒美白系列產品的「微笑」（Go SMILE）公司創辦人兼執行長。他也是紐約市一家著名私人牙科診所的負責人，並且是紐約大學副教授。

想要擁有迷人、真誠、自信的笑容，其實很容易：只要照顧好你的嘴巴即可。很多人不知道，在家裡做一些基本照顧動作，就可以讓你逐步擁有如明星般充滿自信的笑容。

去除牙垢

想要保持牙齒和牙齦健康，最重要的，就是要控制牙垢。預防牙垢的第一防線，就是使用刷毛柔軟的牙刷。使用時和牙齦呈45度，以上下方式刷牙，並且至少花2分鐘，讓牙刷刷遍嘴巴內的所有部分。使用牙線清潔牙齒也同樣重要，所以，不要忽略這一步。想要輕鬆使用牙線，就把牙線繞在任何一隻手的食指，並且每次繞在一根牙齒前後。牙線必須在柔軟組織下面以C形方式移動，這樣子就可以除去牙齒之間重要部位的牙垢，而且不會弄傷柔軟組織——也不會弄痛手指。不過，不要太深入牙齦。

【照顧好你的嘴巴，尤其是牙齒】

清新口氣

沒有人希望自己嘴裡的氣味難聞，想避免這種情況，就要在家裡養成良好的口腔習慣。經常被忘記會發出臭味的地方是舌頭，尤其是舌背部位，細菌最常躲藏在那兒。刮舌器或帶有防菌刮舌膠的牙刷，都可以幫助你清潔那個區域。把這項清潔工作加進日常的口腔清潔項目中，你就不用再煩惱口氣難聞了。

控制磨牙和咬牙力道

因爲壓力的關係，很多人都有磨牙或咬牙的傾向，而且經常連自己都不知道，如果這持續好幾個月，將會破壞你美麗的笑容。這個常見的問題，有個很明顯的跡象可觀察，那就是當你的嘴巴處於休息狀態時，嘴角無力下垂，牙齒不會超過唇線。

吃什麼食物很重要

一旦藏在牙垢裡的細菌和糖加在一起，牙齒就會開始腐壞。因此，我建議你，要避免吃甜食，要吃營養均衡、健康的飲食。最好吃天然色彩的食物，像是水果和蔬菜。還有，高纖食物不但有助除掉牙垢，還能爲你增加能量。研究顯示，嘴巴裡的細菌如果沒清除，將會增加心臟病發作的機會。所以，要勤加使用牙線，否則……

【照顧好你的嘴巴，尤其是牙齒】

拒絕黃牙

由於基因、年紀、飲食和環境因素關係，每個人都會出現污黃的牙齒。雖然我們無法控制自身的基因和年紀，但卻可以改變飲食和喝飲料的形態，使牙齒出現新污漬的可能性減少到最低，不要抽香菸、雪茄，不要喝紅酒、咖啡（雖然大多數人在過去都至少抽過或飲用過這些東西）。感謝一些新產品，我們現在已可以降低飲食對牙齒造成的傷害。新的潔白技術也可以讓你的牙齒白上7到10級——視潔牙程度而定。

現在解決這些問題，然後，你一輩子都可以保有你美麗的笑容。

【賣弄風情，是正大光明的迷人表現】

082 風情萬種

蘇珊・羅賓 SUSAN RABIN

蘇珊・羅賓，著有《展現風情的101種方法：如何增加約會次數，和如何與愛人見面》（101 Ways to Flirt: How to Get More Dates and Meet Your Mate），以及《如何在任何地點、任何時間吸引任何人》（How to Attract Anyone, Anyplace, Anytime）。她是「賣弄風情學校」（School of Flirting）校長，以及「活力溝通公司」（Dynamic Communications, Inc.）總裁。

如果你想改善社交技巧、愛情生活和友誼，或在工作上更有成就，那麼，展現出自己的美麗風情，就是答案。展現風情就是表現出自己的美豔風采，但沒有什麼不好或不軌的意圖。就像手中的沙子，用力握緊，沙子就會從手中流出；但讓它們留在手裡，它們就會一直停留在手中。人也是一樣，而這正是展現風情的基礎。如果主動對別人表現出很愛慕、渴望，那會很不討人喜歡，但展現風情則是對別人表示有興趣的一種迷人和真誠的表達方式。

展現風情的行為，是很迷人、好玩、輕鬆、有趣和友善的。對某些人來說，展現風情是他（她）的本能，但對很多人來說，則需要學習。小嬰兒會用他們靦腆的笑容和好像在玩躲貓貓的眼睛，來吸引人們注意。善於展現風情的人，往往具有善意的幽默感，更是很有趣的交談對象和很好的聽眾，而且他們也很能夠自我解嘲。

想在展現風情上得到甲上的成績，你必須改善自己的：

【賣弄風情，是正大光明的迷人表現】

- **態度**：說服自己，認爲展現風情並沒什麼不對，並且是好事一樁。
- **主動**：積極運用你的身體語言來吸引其他人，並且不要排斥接近你的人。
- **出擊**：下定決心展現自己的風情。隨時隨地練習，慢慢就會習慣成自然。

目光接觸

眼睛是靈魂之窗。把你另一半的臉孔想像成是一個三角形，最寬的地方就是額頭，往下逐漸變細到下巴。和對方的目光保持接觸，約3到5秒鐘，這等於是在說：「哈囉，我看到你了！」就是這種長時間逗留的眼光，能邀請對方向你投回目光。但如果你的眼光停留太久，那你便是在瞪對方，這會把人嚇走的。眼光帶點俏皮的味道，頭微微抬起，這就是很有風情的眼光。

微笑

微笑代表你對另一個人有興趣。練習微笑。微笑就像問候卡——而且適用各種場合。拍下照片、錄製影帶，請朋友指正你的笑容。一定要表現得很眞誠。不要笑得太過分，那會變成傻笑，也不要笑得太僵硬，連牙齒都看不到。讓微笑從嘴巴一路往上延伸到眼睛，這樣子一來，你的整張臉

【賣弄風情，是正大光明的迷人表現】

孔都會開朗起來。

積極的身體語言

你希望自己看起來像個很和善、容易親近的人，那就採取身體前傾、輕鬆、開朗的姿態。女性：試著舔舔嘴唇、撫摸頭髮和讓頭髮飛揚，撥弄珠寶飾品，手指順著酒杯杯口畫圈圈，輕搖腳後跟。男士：撫摸領帶、撫平衣領，擺出輕鬆、自在的姿勢。男士、女士通用的作法：解讀對方發出的訊號，大膽上前搭訕。不冒險，就沒有收獲。

成為賣弄風情高手的10大秘訣

❶趕快出門去。不要老是躺在沙發上看電視。看「我愛紅娘」電視節目，和異性實際約會，是不一樣的。

❷採取主動；因爲別人也和你一樣害羞。

❸會使你的搭訕行動告吹的，莫過於充滿性暗示的談話、一再重覆說過的話、或是帶有威脅味道的語氣。輕鬆聊聊天是很重要的，良好的態度更能吸引人。

❹開始交談時，採取「QCC」策略：先提出一個可以自由發揮的問題（Question），然後發表你的觀點（Comment），或者稱讚（Compliment）

【賣弄風情，是正大光明的迷人表現】

對方。

❺想找到有趣的約會對象，那就前往一些有趣的地點。酒吧不能算是。

❻任何地點都可以是很好的約會地點，只要你覺得不錯的地點都可以。

❼隨身攜帶或穿戴一些賣弄風情的道具：暢銷書、印有俏皮字句的T恤、棒球帽、小狗、造型有趣的珠寶。這可以給他（她）有理由上前與你交談。

❽採取三振出局的規定：請他（她）與你出去約會，一次、兩次，但如果對方連續三次拒絕，那就算了。

❾對於別人的拒絕，不要太在意。單身者本來就有選擇的權利，被別人拒絕又不會死人。我們老是錯誤地以爲被拒絕是不得了的事。

❿賣弄風情並不是一次定生死的遊戲。試過一次，再試一次。

祝你賣弄風情成功！

【不要怕被拒絕，才可能展開更進一步】

083 約會

提姆・蘇里萬 TIM SULLIVAN

提姆・蘇里萬是「紅娘」網站（Match.com.）總裁。

主動採取浪漫的第一步行動，應該是靠80%的本能和20%的策略。心跳激烈，對於自己的決心越懷疑，也就更需要你來決定是否採取行動。承認對方的吸引力。冒險一下，採取行動。我們一生當中最遺憾的事，很少是因爲行動失敗，而是因爲不敢冒險。約會仍是一種從冒險中求得報酬的活動，這是你必須參加後才可能獲得勝利的一種遊戲。

找人約會的10大要點

❶ **勇敢堅定地說出你的意圖**。不要在你還未約他或她出去前，就讓對方有說「不」的機會。簡單、隨興地表示你很渴望與對方約會，可使用2個句子，在第一個句子理，承認對方很吸引你，然後在第二句裡表達你的意圖：「我很高興見到你，希望能夠再見面。」這樣的成功機率大過任何其他字句，像是「你可能太忙了，我知道，現在約你出去，可能太晚了，但是……」

【不要怕被拒絕，才可能展開更進一步】

❷**遭到拒絕**。如果你偶爾被人拒絕，那就表示，你還是可以讓自己去冒一些小小的浪漫風險。被人拒絕，表示你正在外面積極進行找人約會，而每一次你聽到「不行」的回答，就代表你正向著改變你生命的那一聲「好的，我願意」邁進一步。

❸**當你約自己喜歡的對象出去時，不妨「享受」因爲緊張而引起的顫抖或甚至噁心的感覺**。

❹**不要使用大家常用的那種釣美眉的花言巧語，也不要針對眼前情況做太過分的解釋**。不要只是爲了想約對方出去，就向對方說些過度奉承的話。

❺**誠實勝過耍小聰明**。把你那妙語如珠的應對技巧，留到第二次或第三次約會再用上吧。第一次約人出去，讓你的身體語言傳達出開朗和誠實的訊息。眼光要一直看著對方，並保持目光的接觸。

❻**相信你的直覺**。如果你覺得和對方有一股親密的心靈溝通感，那麼，你的直覺可能企圖告訴你，這人就是你的眞命天子（女），趕快採取行動吧。

【不要怕被拒絕，才可能展開更進一步】

❼ **讓你的手指代你邀約**。透過網路，不僅可以讓你很舒服地與你喜歡的對象溝通，同時也可以讓你很小心明確地表達你的意願。要眞誠和明確地表達。記住，在這種情況下，你不能仰賴你的聲音，或是你的性感笑容和充滿自信的身體語言。所以，要用文字展現出你的風情，要迷人、俏皮和性感，並隨時注意有沒有打錯字。

❽ **時間很重要**。雖然沒有人明文規定，要約一個人出去有哪些限制，但最好是在做出初步接觸後，就盡快敲定約會的機會，最理想的狀況是在3天內完成。

❾ **擬出完美的約會計畫**。雖然被拒絕的可能性一直很大，但你還是可預期會得到肯定的答覆，並且要擬定一項約會計畫，以完全符合你可能約會對象的個性與喜愛。保持彈性，並要準備接受可能出現預期之外的選擇。

❿ **地點！地點！地點！**提議在公共場合約會——像是咖啡館、餐廳或體育場所，這會增加可能約會對象的安全感，並對你產生信任感，兩人今後的交往就會更輕鬆。如果對方告訴你，說他「很想和你談談，並且希望更了解你」，而你卻還建議去看電影，那就不是好主意了。

084

接吻

芭芭拉・安吉利斯 BARBARA DE ANGELIS

芭芭拉・安吉利斯博士（Dr. Barbara De Angelis），著有13本暢銷書，包括《女人心事盼男人知》（What Women Want Men to Know），以及她最近的新書《我怎會如此？當生活與愛情發生意外時，如何找回希望與幸福》（How Did I Get Here ?Finding Your Way to Hope and Happiness When Life and Love Take Unexpected Turns ）。芭芭拉・安吉利斯博士還在CBS、CNN、和PBS電視台主持節目，並且製作了一個得獎的廣告型節目「讓愛起死回生」（Making Love Work）。

接吻，是人人都可體驗的最親密性行爲之一。當你把嘴貼住愛人的嘴時，你們等於分享了生命的最基本本質——呼吸。另一半的嘴是通往他（她）內心的門戶。以此看來，吻，其實是在模仿性交行爲，熱情的吻；表示兩位愛人彼此向對方同樣開放。吻可以如此浪漫，如此神奇，如此性感，但如果吻得不對，那就會如此……噁心！世間最悲慘的，莫過於碰上一位不會親吻的對像。

下面有一些小撇步，可讓你成爲接吻高手：

❶ 慢慢地、溫柔地吻起

讓你的唇溫柔湊近另一半的嘴，先來幾個柔柔的小吻——不要馬上把舌頭伸進去，這挑不起對方的情慾——太沒情趣了！想像你的嘴唇正在無聲地向另一半說哈囉，直到你感覺對方的嘴唇已經有了回應，並且慢慢張開來接納你。這能讓彼此的情緒慢慢升高。

❷**放鬆嘴巴，但也不要太放鬆**

要當一名接吻高手，最重要的是要學會控制舌頭與嘴唇。不可以用僵硬、緊張的嘴唇接吻，也不可以像蜥蜴那樣子把舌頭伸出、縮回。但也不可太過放鬆，使你的嘴唇像塊大肥肉，舌頭像四處攪動的大鉛塊；相反的，運用你的唇與舌愛撫另一半的唇、嘴與牙齒，但不是清潔它們。

❸**控制濕度**

有些人接吻時會忘了吞口水，結果造成滿嘴口水。接吻時口水流滿地，絕對不浪漫。注意口中濕度，必要時，吞一下口水。除非另一半很喜歡，否則不要把自己當做黃金獵犬般，舔遍他（她）的臉、耳和頸。

❹**保持口腔與牙齒清潔**

沒人會想希望與你接吻時，覺得自己好像正在吃你晚餐吃剩的蒜味明蝦。養成良好的口腔衛生習慣，如此才能隨時吻人和被吻。

❺**為吻而吻**

接吻的目的不是要把另一半弄上床——而是爲了體驗兩人當下的親密接觸感。吻，並不是性高潮的前哨站，它本身就是彼此之間的全然溝通。不要急著草草結束親吻，然後進入另一個挑動情慾的階段。盡情地吻，讓每一次的吻，充滿愛與熱情。

❻感受愛意

讓你的嘴向另一半的嘴表達愛意，這就是最好的吻。你的吻背後帶有的意圖，將會讓對方感覺你的吻是齷齪或是高尚。如果你對另一半懷抱愛與熱情，並允許這份愛從內心傳到你的唇與舌頭，你的吻就會把這股愛的能量傳送到愛侶的嘴上。他（她）也將會感受到你那股愛意的震撼，這是最讓人感動的。

❼不要忘了吻遍全身

吻，會喚醒我們的身體，挑逗起我們的本能情慾。當你充滿愛意地從頭到腳吻遍另一半的身體時，你的愛與情慾將會滲透進他（她）的每一吋肌膚。這種輕輕的、柔柔的、不急不忙的吻，會讓另一半充滿渴望，創造出最完美的做愛氣氛！

085 買鑽石

【鑽石不一定要選最完美的那顆】

隆納德．溫斯頓 RONALD WINSTON

隆納德．溫斯頓，享有「鑽石之王」美譽，並且是已超過114年品牌歷史的知名珠寶品牌「海瑞．溫斯頓公司」（Harry Winston）的執行長。

鑽石似水晶般透明剔透，是地球上最堅硬的物質，能夠帶給你永遠的喜悅。選購鑽石時，挑選能夠代代相傳的寶石，而且還能隨著歲月而增值。

四C

選購鑽石時，衡量一顆鑽石價值的標準就是所謂的4C——顏色（Color）、淨度（Clarity）、車工（Cut）和克拉（Carat），這是眾所皆知的。以下就是簡單的說明：

❶ **顏色：**鑽石的標準分級制度是由「美國寶石學院GIA」（Gemological Institute of America）創立的。「GIA」創立一種按照英文字母排列的鑽石顏色分級系統，從D開始，接著是E和F，用來識別從最佳的藍白色鑽石到白色鑽石。稍微帶有灰白色的鑽石則從G、H和I開始，黃白顏色的鑽石至少從J和K開始，繼續向下到色澤較差的寶石。

❷**淨度**：淨度或是完美度的分級，大概如下：完美無瑕「F」（Flawless）；內部無瑕「IF」（Internally Flawless）；一級極微瑕「VVS1」和二級極微瑕「VVS2」（very, very slightly included）；還有一級微瑕「VS1」與二級微瑕「VS2」（very slightly included）。「Included」指的是鑽石內部有點不完美，可能是有炭或是水晶，V等級鑽石的瑕疵是肉眼看不出來的，接下來的等級向下延伸到一級有瑕「SI1」和二級有瑕「SI2」（slightly included） 和明顯瑕疵「I1、I2」（noticeably blemished stones）。其他更低下的詳細分級，像是螢光和大理石紋理，則被認爲有損鑽石的天然價值，必須用光學儀器和顯微鏡來檢查。

❸**車工**：除了以上的計價標準，還要考慮到鑽石的基本形狀和車工：圓形（這是最常被考慮的）、方形、翡翠形車工（拉長的長方形）、梨形、雙梨形、橢圓形以及座墊形。坐墊形是一種圓角形狀，讓人看了覺得像是一個座墊。

❹**克拉**：克拉指的是寶石的重量。1克拉就是1克。

慎選珠寶商

這一點是最重要的也許，我認爲這是選購寶石的第五C：珠寶商。選

【鑽石不一定要選最完美的那顆】

購珠寶需要大量的專業知識，而且這些知識得來自值得信任的來源。因此，最好找一位有信譽的珠寶商。當你想鑑定某件珠寶的價格、或甚至想購買時，你這位珠寶商朋友應該到場。他也可以幫你做售後服務，包括清潔、鑑價、修理或重新設計珠寶。我不建議找拍賣公司替你服務，除非你很有經驗。在拍賣公司購買珠寶，無法保證買到的鑽石就是原石。

形狀、大小和鑲座

如果是戒指，那就選擇你喜歡的鑽石形狀。鑽石大小則應該配合你的預算。記住，鑽石不一定要完美。「VVS」或「VS」級的鑽石，在肉眼看來已經很完美，已可帶給你很大的喜悅，經濟效益也最大。兩面鑽石可以在增加代價很小的情況下，獲得很好的效果。

關於鑲座：如果鑽石超過1.5克垃，那鑲座一定要要求手工製作。

至於顏色：我建議從D到G的任何一級都可以。比G級顏色更深的任何顏色的鑽石，除了圓形之外，其餘形狀的都不要購買，因爲這些顏色會集中在突出的點上，會使得顏色更明顯。鑽石的切割邊緣應該很細而且均勻，鑽石本身應該很明亮，發出光彩、燦爛、耀眼、四射的光芒，更增添鑽石的美麗。

彩色鑽石（色鑽，Colored Diamonds）

稀有的色鑽越來越引人注意，部分原因是「小班」班艾佛列克（Ben Affleck）買過一顆粉紅鑽送給前女友「翹臀珍」珍妮佛羅培茲（Jennifer Lopez）。這種鑽石極其罕見，而且比其他鑽石貴了許多。色鑽有多種顏色，七彩彩虹的每一種顏色都有，從紅色、天然綠到比較常見的淡黃色或黃色。它們的顏色飽和度也有很多種，根據「GIA」的分級，則從「Fancy」（彩鑽）或「Fancy Intense」（濃彩），到最特殊、最稀有的「Fancy Vivid」（豔彩）。如果是日常配戴的白鑽，擁有一份「GIA」鑑定書，則可增加它的價值，如果是稀有的色鑽，那這份鑑定書就成了非有不可的身分證。

【計畫要周密，但不要有壓力】

086 籌備婚禮

黛西・米勒 DARCY MILLER

黛西・米勒，《瑪莎・史都華婚禮雜誌》（Martha Stewart Weddings）編輯總監。她負責督導「瑪莎史都華生活多媒體企業」（Martha Stewdrt Living Omnimedia, Inc.）所有與婚禮有關的事情。黛西也撰寫每週一次的報紙專欄，名叫「婚禮」（Weddings）。她是《我們的婚禮剪貼簿》（Our Wedding Scrapbook: Memories and Mementos）一書作者和繪者。

籌備完美婚禮的10大建議：

❶ 要有妥善計畫

婚禮要準備的事多得不勝枚舉。所以，要訂一個時間表，列出什麼時候要做什麼事。去買一本好的婚禮計畫書或筆記本，這可以幫助你把所有與婚禮有關的事情都集中在一起考慮和準備。

❷ 定下預算，絕不超支

記住，婚禮過後，還有日子要過！所以，定下一個實際的預算，並且絕不超支。如果你想在某方面多支出一點，那麼，一定要在其他方面縮減支出。例如，如果你在鮮花方面超支了，那麼，在臉部化妝方面也許就節省一點。請所有與結婚有關的廠商提出書面估價單，這樣子才不會這兒多一點、那兒多一點，結果造成費用多出1倍。記住，婚禮賓客只會看到婚禮上現有的東西，他們永遠不會知道你省掉了什麼。

❸選定一種主題或主色彩

選定一個主題後，就可以根據這個主題搭配所有細節，讓你的婚禮更有個人風格。選定的主題可以是一種色彩、某個地點、某種圖案或是某種特別的花。例如，如果是海灘婚禮，那麼，也許婚禮上所有物品都該有貝殼圖案，餐桌中央的飾品則可能是玻璃製的貝殼。

❹聘請適合的專業人員

最好找各行的專業人員來執行你的計畫。從花藝設計家到宴席包辦人和樂隊，最重要的是，你得很喜歡他們的風格特色。不要忽視了這修相關人員的個性——如果態度太傲慢或是太冷漠，都會破壞婚禮氣氛。

❺試試不同的服裝

妳並不是每天都是新娘，所以，婚禮當天一定要像個新娘子。多試幾套不同風格的服裝，因爲到底穿上那一套才是最好看的，可能會讓你大吃一驚。注意流行潮流：在做出最後的服裝決定之前，先問問自己，幾年後再回頭看這次婚禮的照片，你會有什麼感覺。最好是寧願看起來像古典風格，而不是看起來好像會落伍的款式。

【計畫要周密，但不要有壓力】

❻不要害怕與衆不同

沒人規定婚紗一定要是白色的、蛋糕一定要好幾層、婚禮晚宴一定要坐下來吃大餐。婚禮當天一定要能表現出你的個人風格。淺粉紅色晚禮服可能最適合你。不拘形式的午餐，也可以辦得像正式晚宴那般優雅。把很多杯形蛋糕組合起來展示，也可以像一個大的多層蛋糕那般好看——而且更有趣。

❼讓婚禮當天屬於你們兩人

把你們兩人的不同背景融入婚禮不同的部分裡：儀式、音樂、食物、舞蹈和服裝。宗教、文化、家族、和地區特色，都會使你們的婚禮更具意義。

❽替婚禮留下紀錄

一定要提早尋找合適的攝影師，如此才能請到你喜歡、信任的人擔任攝影師。不要因爲覺得錄影太過打擾人，而放棄請人錄影；眞正專業的錄影師會讓你察覺不到他們的存在，而且，以後你們一定會很高興當初請了人來錄影。把從訂婚直到度蜜月的點點滴滴都保存在一本剪貼簿裡——你們一定會擁有很多美好的回憶，而且，一定會很高興把它們全都記錄了下來。

❾婚禮當天，好好享受

指定一個人（你的婚禮籌備人員、朋友或是旅館經理）擔任你的婚禮總管，並且確定他（她）擁有婚禮當天的流程時間表，並且擁有婚禮承包人員和所有來賓的聯絡電話。現在，你的工作就是當一名新娘子：全身按摩一遍，花時間招待外地來的賓客，然後享受你周密婚禮計畫的果實。

❿忙而不亂

不要讓婚禮的細節影響到這個很特別的日子。當你感受到沈重的壓力時，要想，婚禮當天眞正重要的，是你終於找到與你眞心相愛的人，並且即將與他共度一生。

【收拾的有條理，是為了下一次成功換尿布做準備】

087 換尿布

貝姬與凱斯·迪雷 BECKI AND KEITH DILLEY
迪雷夫婦是全世界最著名的6胞胎父母。

❶ 事前準備：布製的尿布，且附有別針或是魔鬼粘黏布，或是用完即丟的紙尿布，一些紙巾，以及準備一處舒適、方便的區域，用來替小孩子換尿布。

❷ 安頓好你更換尿布的對象，也就是你家的小孩。

❸ 小孩子並不是隨時都很合作，而且經常會讓你花費更長的時間、也會把現場弄得比你預期的更為髒亂。讓小孩子分心，對你很有幫助。換尿布期間，準備一個特別的玩具、或是唱首歌，讓你的小孩暫時把注意力集中在玩具或歌曲上，這可以讓他們的小手停止活動，對你的換尿布工作會很有幫助。

❹ 取下尿濕的尿布、和用來擦拭小屁股的濕紙巾，這兩樣東西用完後一起丟掉。小孩子喜歡溫暖的濕紙巾。所以，把它們放在手中幾分鐘，讓它

【收拾的有條理，是爲了下一次成功換尿布做準備】

們溫暖一點。有些比較講究的父母，還會特地準備加熱濕紙巾的裝置，並且經常使用，尤其是在深夜更換尿布時，若使用冰冷的濕紙巾，就好像洗冷水澡，對你和小孩子來說，同樣難受。

5 根據尿布的設計，尿布本來就很方便使用，很容易就可用在嬰兒身上。確定尿布很貼身地套上、但不要包得太緊，讓尿布與皮膚之間的空隙減少到最小，尤其是靠近屁股和大腿的開口處。換好尿布後，未來幾個小時內抱小孩的人，將會很感謝你。

6 爽身粉、乳液和油膏，可根據個人喜好來使用。但記住古老的格言：用得少，就是多。

7 使用膠帶、魔鬼粘、別針時要小心，特別是當小娃兒突然翻身趴臥，或是想坐起來、爬回去玩耍時，使用這些東西會更困難。

8 替小孩穿上褲子，記得扣好釦子、拉上拉鍊或紮好褲管。要小心，不要讓小孩從換尿布的桌或床上跌下來。

9 收拾好換下來的尿布，洗手，補充用完的用品，如此一來，下次要更換

【收拾的有條理，是爲了下一次成功換尿布做準備】

尿布時，才不會臨時找不到尿布可用。

❿放置髒尿布的桶子要經常清除。如果桶子已經滿了，但你還是把剛換下來的髒尿布再硬塞進去，並希望你的另一半會因爲受不了而替你把桶子清乾淨，這樣子不僅很不禮貌，而且很危險。因爲他（她）也許還會再塞進另一塊，再把這項「榮幸」再丟回給你。

⓫對於自己能夠成功地更換尿布，請好好恭喜自己一番。你會發現，你換尿布的技術將越來越純熟，不過，等你成爲換尿布專家時，接著就要面臨另一項考驗：教導小孩子使用尿壺……。

088 抱嬰兒

比爾．西爾斯 BILL SEARS

比爾．西爾斯醫師，育有8名子女，著有30多本有關兒童照護的專書。他是美國加州大學爾灣分校（University of California-Irvine）醫學院小兒科副教授。西爾斯醫師也是《嬰兒經》（Baby Talk）《父母》和（Parenting）雜誌的醫學與父母顧問，並且是「父母網站」（Parenting.com）的小兒科顧問。

我養育過8個子女，並且擔任小兒科醫師長達32年，抱過的嬰兒多得數不清。以下是我最喜歡的抱嬰兒方式：

抱得輕鬆點

去買一個背帶型的揹巾，每天揹你的嬰兒幾個小時。你在工作或購物時可以揹著它，或者揹著它一起去散步。因爲，被揹著的嬰兒可以親密接觸揹負者的世界，它們可以看到母親看到的、聽到母親說的話，並且前往母親去的地方。在忙碌的母親懷裡，嬰兒可以學到很多事情。

抱得愉快點

被抱的嬰兒會比較滿足，而且比較不會哭。嬰兒和父母可以把原來浪費在別處的精力，集中用來一起成長和互動。抱著嬰兒時，你可以前後搖擺，和它們共舞，有些嬰兒會把這個被抱在懷裡的動作，和吸奶聯想在一起，所以，他們很喜歡在移動時吸食。我把這稱做「晚餐之舞」。

【讓嬰兒貼著你，它很喜歡跟著你工作與散步】

抱得舒服點

因爲腹絞痛而啼哭的嬰兒，如果被抱在懷裡，可以讓它們停止啼哭。以下是一些被證實有效的解除腹絞痛痛苦的抱法：

❶ **腹絞痛捲曲抱法**：讓嬰兒背靠在你胸膛，用手環抱嬰兒屁股。讓嬰兒身體捲曲、臉向前，讓嬰兒頭和背部靠著你的胸部。或者，試著把這種抱法倒轉方向：抱著嬰兒、讓它的腳朝上靠著你的胸部，利用這種抱法你可以和嬰兒兩眼相視。嬰兒不僅喜歡被你抱在懷裡，也很喜歡你能夠看著它。

❷ **魔鏡**：站在鏡子前，用腹絞痛捲曲抱法抱著你的嬰兒，讓它親眼看到自己的樣子。把它的手或腳貼住鏡中的影像，看著正在哭鬧的嬰兒安靜下來。這種畫面常會使因腹痛而啼哭不止的嬰兒停止啼哭。

❸ **臂彎抱法**（如果抱嬰兒的是老爹，可稱之爲「美式足球抱法」）：把抱嬰兒的頭擺在手肘彎曲處。前臂緊貼著嬰兒的腹部，另一手用力抓住它包尿布的部位。手腕緊貼住抱嬰兒繃緊的肚子。或者，試著換個方向，讓嬰兒的頭枕在你的手掌，尿布部位則靠在手肘彎曲處。如果想增加親子接觸，可以用另一隻手拍拍它的背部。

【讓嬰兒貼著你，它很喜歡跟著你工作與散步】

以下兩種抱法，一定會讓做父親的笑得很開心：

❶**頸安抱法：**在走路、跳舞或躺著時，讓嬰兒靠在你胸前，把嬰兒的頭靠在你頸部前，用你的下巴抵住她的頭。然後哼著低沉曲調的歌曲，，身體並且左右擺動。由於嬰兒除了用耳鼓聽聲音之外，還會用他們的頭骨「聽」震動，男性喉頭的低沈震動，以及下巴緊貼嬰兒敏感的頭顱所產生的震動，經常會讓正在哭鬧的嬰兒立即入睡。

❷**溫暖心跳抱法：**做父親的躺下來，把嬰兒摟在胸前，嬰兒的耳朵貼在心臟位置上。當嬰兒感受到你的心跳韻律，再加上你因呼吸造成的胸部上上下下的律動，你將感受到嬰兒會很快放鬆下來。

經常抱小孩，除了會讓嬰兒冷靜下來，還能幫助父母和嬰兒更加貼心親密。抱著寶貝、貼近心臟，會讓你跟他們更親近。

【先考慮新家對原有生活將造成什麼改變】

089 搬家

凱西・古德溫 CATHY GOODWIN

凱西・古德溫博士是搬家專家。她著有一本有關搬家的專書《搬家大事：如何把搬家變成創意性的生活轉變》（Making the Big Move: How to Transform Relocation into a Creative Life Transition）。

搬新家有時會充滿壓力，因爲你的生活會被迫中斷。你本來很喜歡上街購物，但現在離你新家最近的購物中心卻足足有數哩之遙；或者，你本來很喜歡徒步健行，但現在卻得住在水泥叢林般的大都市。適應搬家，就表示要適應生活上的自我改變。

❶ 搬家會改變原有的生活方式

在喜愛的咖啡館裡坐坐、牽著狗兒在海灘散步、買一束住家附近最美的玫瑰，一旦搬家，這些生活活動可能都無法再擁有。因此，搬家時，第一個要問的問題就是：「我還能夠這樣過生活嗎？」

人們在搬家時，常會擔心一些小事情，並又會覺得這些憂慮太傻了——不過，其實不必如此自責，因爲通常就是這些小事情會讓人想念起以前的家。至於大事情——替你的子女選一間好學校、替生病的配偶找一位心血管專家，這都是不可能被忽略的考慮因素。

【先考慮新家對原有生活將造成什麼改變】

❷ **調查新家周遭情況**

至少和新家社區中的6個人談過，挑選和你一樣是住戶的人談——不是房屋仲介人員，也不是當地商會會員。

❸ **挑選新家**

先考慮暫時性的住家。可能的話，至少先租6個月，再決定是不是要買下來。到那時候，你可能已經找到合適的房屋仲介和房屋修繕公司。

❹ **認識新朋友**

這至少需要2年時間，也許還要更久。你搬家後最初3個月遇到的人，到了搬家後的第一年年底，可能全都沒在你的生活中出現過。

❺ **第一年內避免做出長期的社區服務承諾**

想回學校？先選一科試試。想當志工？選擇一個單獨項目來做，暫時不要加入任何董事會或委員會。

❻ **不要閒下來**

新兵訓練中心的教官和夏令營的老師都知道：想要克服想家的情緒，最好的方法就是讓自己忙個不停！開始從事某項運動、展開某項創作計畫、探索新家所在的城市，不要急著交朋友。專注於讓自己活得快樂、成長、自我充實，因爲，在這些過程裡，你就會結識很多人。

❼邀請親朋好友來訪

邀請家人和以前的老朋友來看你，但不要期望他們能在你沮喪時安慰你。他們有自己的生活要過，到最後，你也一樣會有自己的生活。

❽考慮學年時間

帶孩子搬家時，越接近學年開學時間越好。不要認爲在暑假期間，別人家的小孩子都會待在家裡——有時候，整個社區的人都會在暑假期家跑去湖邊小屋度假。同時更要記得，小孩子比十幾歲的青少年更能適應新環境。有些中年人的腦海裡，還保留著高中畢業前被迫搬新家的痛苦經驗。

090 訓練小狗在家大小便

安德莉亞．亞登 ANDREA ARDEN

安德莉亞．亞登開設「安德莉亞．亞登狗訓練公司」（Andrea Arden Dog Training）。她著有4本書，包括《狗兒友善訓練法》（Dog-Friendly Dog Training），並且是《愛狗迷》（Dog Fancy）雜誌的專欄作家，和多家愛狗雜誌的特約撰稿人。安德莉亞．亞登是FX電視台寵物部門的駐地專業訓練師和特派員。

在家裡訓練狗兒的目的，就是要教導狗兒成為很好的「狗時間管理師」。能夠精確預測你的小狗什麼時候需要排泄，表示你可以確定牠是不是能夠在正確時間內，來到正確地點（在屋內供牠排泄的紙上，或到屋外的草地或水泥地上）。一再因為牠來到正確地點而獎勵牠，將讓牠培養出很強烈的習慣，時間一久，牠就會成為一頭很有居家衛生觀念的狗兒。但如果你的狗兒在正確時間裡卻跑到錯誤地點、或是在錯誤時間裡跑到正確地點，那就錯了。更糟的是，你先是允許狗兒在家裡犯錯、接著又懲罰牠這樣做；如果是這種情況，牠很可能會學會，避免在你面前排泄，不管是在家裡或屋外。

有4項管理技巧，可以讓你在家訓練狗兒的工作變得極為容易：

監視

在狗狗養成良好排泄習慣之前，當你跟牠在一起時，要用皮帶綁著牠。如果牠被皮帶栓著，而且就在你身邊跟你玩耍、或玩牠的玩具，牠就

【漸進式的訓練】

不能隨處亂跑，也不能犯錯。這就像在嚴密監視一個2歲大的小孩子。等到小狗開始培養出良好的居家衛生習慣時，當牠和你在同一個房間時，就可以不必繫上皮帶，到最後，在整棟房子裡都可以不必繫皮帶。

短時間監禁

想養成狗兒的良好居家衛生習慣，你的狗兒得學會控制膀胱和腸道肌肉。想做到這一步，最好的方法就是使用狗籠子。如果你把狗兒關在一個大小剛剛好的狗籠裡（剛好足夠讓狗兒在籠裡站立、轉身及舒服地躺下），並且根據牠的年齡和訓練程度，讓牠在裡面關上一段合理的時間，大部分狗兒都不會把狗籠弄髒。在籠裡休息一段時間後，你的狗兒需要排泄，這就讓你有機會帶牠去正確地點排泄，並且因爲這樣而獎勵牠。

根據一般經驗，8到10週大的狗兒，可以在籠子裡待上1個小時；11到14週大的狗兒，可以待上1到3個小時；15到16週大的狗狗可以待3到4小時；17週及更大的狗狗，最長可以待4到6小時。

就好像把幼兒限制在搖籃裡，或是限制他在活動式幼兒圍欄內玩耍一樣，狗籠子只需使用到你的狗兒已經學會正確的居家衛生習慣爲止，之後，就可以讓牠在整棟屋裡自由來去。

長時間監禁

當你必須出門，並把小狗單獨留在家裡，而且時間超過牠在狗籠裡所能「忍耐」的程度，這時，你就必須把牠關在一個小區域裡（像是浴室），而且那裡面擁有牠需要的一切，就像是，一個可以讓牠睡覺的狗籠子（籠門打開）、讓牠磨牙的骨頭玩具，以及一個室內廁所（紙便器）。當牠被關在這個區域時，就不會到屋裡其他地方犯錯，也會學會正確的行爲：排泄在紙便器裡，咬咬骨頭。

一開始，先用紙把整個地板蓋住，然後每隔3到4天，減少一小部分的覆蓋區域。這樣子一來，你的狗兒將會學習到，先在一個全部鋪滿紙張的區域裡排泄，然後逐漸學會在比較小的區域排泄。等到你的狗兒長大到6個月大時，牠應該能夠在籠子裡（籠門關上）待上4到6小時。到這階段，你再也用不著將牠長時間留在監禁區了。

餵食和喝水次數

如果無限制供應食物和飲水給狗狗，這表示，你的狗兒必須經常排泄。限制牠，一天只能進食和喝水2到3次，純喝水一天4或5次，這可以讓你的訓練變得容易得許多。

你越能謹慎運用以上4種方式來管理你狗兒的排泄時間，牠養成良好居家衛生習慣的機會就越快且越大。

【藉著探訪親戚，更了解你自己的根源】

091 建立家譜

東尼．布洛夫 TONY BURROUGHS

東尼．布洛夫在芝加哥州立大學教授家譜學，著有暢銷書《黑人尋根：非洲裔美國人家譜尋根指南》（Black Roots: A Beginner's Guide to Tracing the African American Family Tree）。

每個人都應該建立一套家譜，因爲我們都是祖先的後代子孫。家譜有兩種形式，第一種是後代子孫表（Descendant Chart），用來釐清一家人的親屬關係，畢竟鮑伯叔叔並不一定就是「你」的叔叔；第二種是血緣表（Pedigree Chart），用來追溯你們家族的歷史，一路往上詳細列出你們家的所有祖先。

後代子孫表

後代子孫表會從所知的最早祖先開始，這位祖先就稱做「始祖」（Progenitor）。這人可能是你的曾祖母，不過要看你對家族的歷史了解到何種程度而定。這個家族表將列出她所有的後代子孫——基本上，就是她的子女、孫子和其他後代的姓名，一直到今天的後代子孫。

後代子孫表沒有固定的形式，因爲這要看你的曾祖母有多少後代子孫。例如，如果她只有一位獨子，那這個表一定比她如果有13個子女短得多。用直線連結父母和子女的關係，橫線則是連結兄弟姊妹，雙橫線則連

【藉著探訪親戚，更了解你自己的根源】

結配偶（如附圖❶）。

血緣表

所謂純種狗就是牠的血統可以一直往上追蹤，同樣的，你的血緣表也可以用來追蹤你的血統。這份血緣表從你本人開始，接著列出你的父母和祖父母，並繼續往上追蹤，只要能夠找得到祖先的資訊。

血緣表看來很像是籃球賽的賽程表（附圖❷）。先寫下你的姓名（如果是水平排列，那就寫在紙張的最左邊；如果是垂直排列，那就寫在中間），接著是你父親的名字，寫在上面，你母親的名字寫在下面。然後，再以相同的方式寫下你祖父母的姓名。

接著，寫下他們的出生、結婚和死亡日期。這將增加更多項目到你的

附圖❶

莫里斯·布洛夫的後代 Descendents of Morris Burroughs

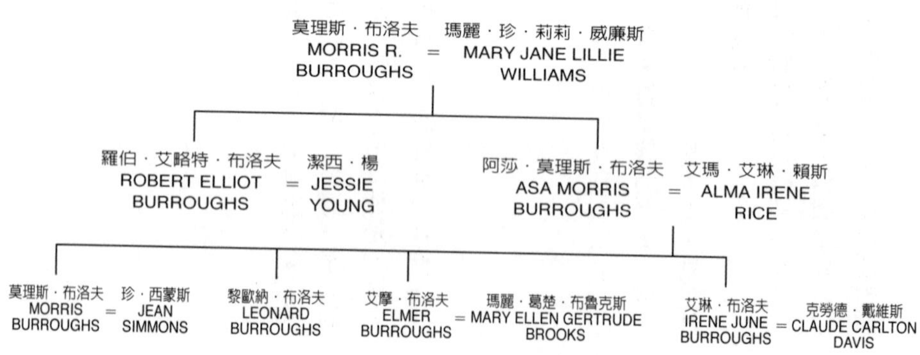

【藉著探訪親戚，更了解你自己的根源】

附圖 ❷

艾摩·布洛夫的血緣表 Pedigree Chart of Elmer Burroughs

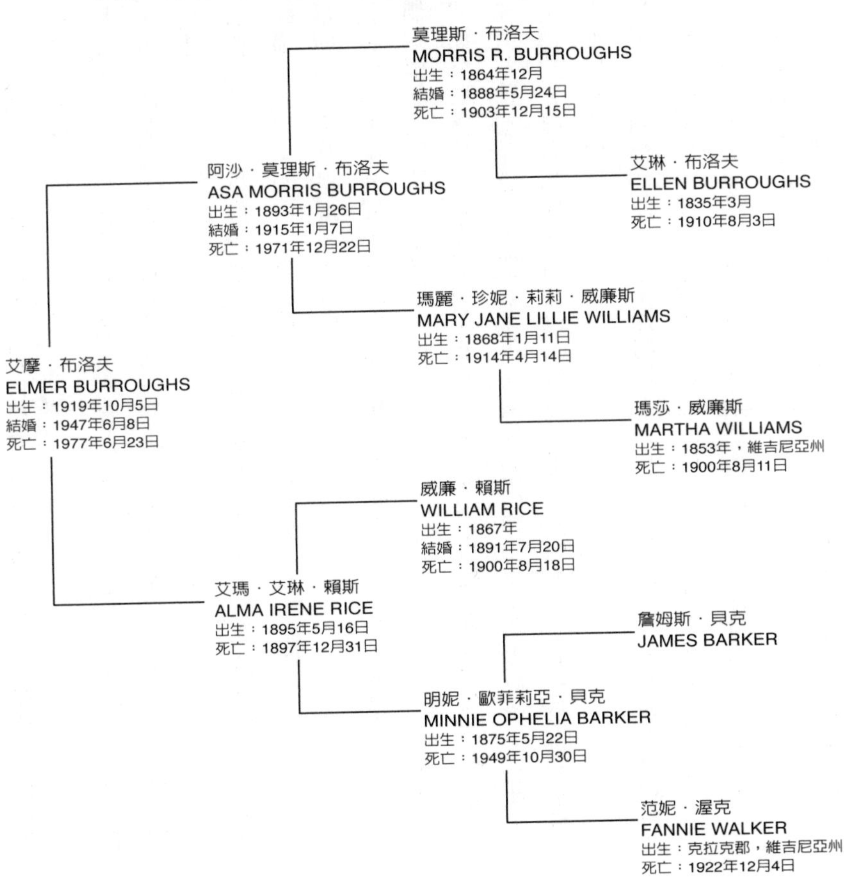

【藉著探訪親戚，更了解你自己的根源】

族譜裡。這也可以讓你知道，你對自己的家族認識有多深。血統表可以用來指引你對家族的研究工作。

最後，記下你是在哪兒找到這些資料的。用附注的方式說明，這些資料是來自你的記憶、和母親的談話、族譜的記載、死亡證明書，或是其他紀錄文件。

有幾個地方可以取得血緣表。某些圖書館就有，而且你也可以從幾個網站下載血統表。有些家譜軟體可以自動建立子孫表和血統表，並且可以用來幫助你研究及追蹤祖先資料。

如果你想把家譜擴大到超出你所知的範圍，可以先去訪問你的親戚，把他們知道的家族情況記錄下來，每個人都可以告訴你一點家族的歷史。你的初期目標應該是記錄這些親戚的生平，然後再記下他們對他們的親戚和祖先有些什麼記憶。不要忘了去訪問你的阿姨、叔叔和表兄弟。記住，他們全都和你擁有相同的祖父母、曾祖父母——你不知道或忘記的，他們有些人可以幫你補充。

接下來，到自己及親戚家裡的地下室和閣樓裡找一找，看看有沒有記載祖先姓名的東西，像是家譜、泛黃的信紙、日記、保險單、退伍令、年鑑等等。如果你想更進一步，可以找找埋葬紀錄、死亡證明、出生證明、戶口調查紀錄和其他一些文件。

家譜很容易建立，而且也很有趣，但你還是要小心點——你很可能會欲罷不能！

【把你喜歡的小東西全都掛到樹上去】

092 裝飾耶誕樹

嬌安．史黛芬 JOAN STEFFEND

嬌安．史黛芬是「家園電視台」（HGTV，Home and Garden Television）「省錢裝潢」（Decorating Cents）節目主持人。

你讀到這篇文章的時候，或許已經接近耶誕節了吧（所以，先祝你耶誕快樂），或者，只是因爲你突然起了古怪的設計念頭。不管如何，對你及你的家人來說，裝飾耶誕樹應該是很有趣的工作。我在這兒提到的步驟，適用於任何一棵耶誕樹——不管是眞的樹木，或是人造耶誕樹。

首先是燈泡。耶誕樹每1呎（約30.5公分）的高度，就應該準備至少100顆小燈泡。最傳統的燈光是白色的，多種顏色的燈光則可以帶來更輕鬆的家庭氣氛，金色燈光則很優雅和溫暖——如果你夠耐心，還可替你的耶誕樹增加更多顏色的燈光。先把燈泡綁在樹幹上，然後再延伸到樹枝上。

接著，拿出大型裝飾品。把這些大型、彩色或會反光的圓形裝飾品掛在樹上，靠近樹幹，這可以增加耶誕樹的層次感，也可用來塡補耶誕樹上頭一些比較空的部位。

現在，你必須做個決定。如果你想要你的耶誕樹看來清爽一點，只要放上一些簡單的裝飾物就好了，現在就是把它們掛上去的時候。體積重一

【把你喜歡的小東西全都掛到樹上去】

點的裝飾物，一定要掛在最靠近樹幹的樹枝末端；較輕盈的裝飾物則掛在離樹幹較遠的樹枝上。一位長期替白宮裝飾耶誕樹的專家，在解釋如何裝飾一棵耶誕樹時說：「只要看到樹上那兒有空位，就把它補滿。」

如果你要你的耶誕樹表現出更有凝聚力的某種「主題」，那也很簡單。在開始掛裝飾物之前，先決定好要用哪些裝飾物，然後把以下這些裝飾物均勻地掛上去（但不是全得都掛上）：

- 人造聖誕紅。
- 內有鐵線的絲帶：把它當作花圈般繞在樹上（耶誕樹每1呎（30.5公分）高，就要準備10呎（3公尺）長的絲帶）。
- 兩種不同顏色的絲帶，剪成半呎到2呎（60公分）的長度：絲帶末端剪出漂亮的倒V字形，讓它們看起來好像是從樹上長出來的。
- 拉菲亞椰樹（Raffia）：以花環或蝴蝶結的形式掛在樹枝上。
- 乾燥的繡球花。
- 乾燥的滿天星。
- 胡椒莓（Pepper berry）。
- 乾燥的尤加利：最適合用在人造耶誕樹上，可以增加香氣。
- 傳統花環：珠串、玉米、小紅莓、紙都可以——但要夠多，讓人印象深刻，並且纏繞在整棵樹上。

【把你喜歡的小東西全都掛到樹上去】

到這時候，再加進單一顏色和同一大小的圓形玻璃裝飾物。把這些裝飾物輕輕掛在樹枝上，並且平均分配在整棵樹上。紅色玻璃可以襯托出綠色植物的美，白色或金色玻璃則給人優雅的感覺。如果你還有一些小飾品（像是小茶杯或小手套），可以用絲帶或鐵線把它們綁上。現在，你已經裝飾出一棵漂亮的耶誕樹了。

我一直認爲，耶誕樹的美，應該來自那些由小孩子自己製作、有時顯得有點粗糙的裝飾品。不管如何裝飾你的耶誕樹，它都是你的耶誕樹，它的功能就是，讓你的家在耶誕佳節裡充滿喜悅和溫馨。

093 烘焙巧克力餅乾

黛比．菲爾斯 DEBBI FIELDS

黛比．菲爾斯，「菲爾斯夫人糕餅公司」（Mrs. Fields cookies）創辦人，著有多本糕餅專書，包括《黛比・菲爾斯的美國極品甜點：100種讓你流口水的簡易食譜》（Debbi Fields' Great American Desserts: 100 Mouthwatering Easy-to-Prepare Recipes）。

設備

以下是你必須擁有的設備，以及我的最佳建議：

- 一顆喜歡烘焙、吃和分享餅乾的心。
- 高品質原料。最好是奶油。
- 淺色、平底烘焙盤，不要有邊緣（如果有邊緣，熱氣將無法擴散，就無法均勻烘焙）。淺色烤盤可以烤出柔軟、有嚼勁、不易咬碎的餅乾；深色或黑色烤盤會使餅乾的底部變脆。
- 烘焙紙（Parchment Paper），放在烘焙盤上。這並不一定需要，但它會減少清潔時間，也方便移動餅乾，因爲你可以直接把熱烤盤上的烘焙紙一傾，餅乾就會倒在廚房的流理台上，慢慢冷卻。
- 便宜的烤箱溫度計。大部分烤箱上的溫度計指針都不正確，所以，烤餅乾時不是溫度太高、就是太熱，因此，最好再買一個。
- 高品質的烤箱防熱手套。
- 一把長而平的金屬抹刀，用來剷起餅乾（如果是塑膠抹刀，當你想

【請隨時記得不要攪拌過度】

用它剷起餅乾，把餅乾放到冷卻的表面平台時，會壓碎餅乾的邊緣。）

- 餅乾杓：我使用的是漢米爾頓海灘牌40號（Hamilton Beach #40）的餅乾杓，這可以在餐廳用品或廚具店買到。這種餅乾杓可以製出直徑3吋（約7.5公分）的餅乾。
- 金屬或玻璃碗。

烘焙過程

- 隨時監看烤箱的溫度：看看烤箱內的溫度計。
- 把餅乾放進烤箱時，先確定把烘焙紙平放在烤箱裡——也就是說，第一張烘焙紙要放在中間的架子上，第二張放在第一張下面的架子上，讓餅乾有充分空間完全烘焙。
- 如果你使用對流烤箱，那就必須調整烘焙時間，因爲這種烤箱的烘焙速度會快上1或2分鐘。
- 打開烤箱內的燈光，使你不必打開烤箱門，就可以看到裡頭的餅乾烤得怎麼樣。

食譜

以下的食譜可以烘焙出約24個餅乾：

【請隨時記得不要攪拌過度】

材料

- 2.5杯（15盎斯，425克）的多用途麵粉
- 1湯匙小蘇打
- 1／4湯匙鹽
- 1杯（6盎斯，170克）紅糖，壓緊
- 1／2杯（3盎斯，85克）白糖
- 1杯（6盎斯，170克）含鹽奶油
- 2顆蛋
- 2湯匙純香草精
- 2杯（12盎斯，340克）略甜巧克力豆

烘焙方法

1. 烤箱預熱到華氏300度。
2. 拿一個中型碗，倒入麵粉、小蘇打和鹽。用攪拌器徹底攪拌。
3. 在大容器內，以電動攪拌器中速混和白糖和紅糖。加進奶油攪拌，形成粒狀的漿糊。加入蛋和香草，以中速攪拌，直到完全混和。不要攪拌過度。
4. 加進前面攪拌好的麵粉混和物和巧克力豆，以低速攪拌，直到充分攪拌。不要攪拌過度。

【請隨時記得不要攪拌過度】

❺把餅乾杓壓入生麵糰裡，並且貼住攪拌器的容器邊，確定杓內的生麵糰裝滿了，並且壓緊。把突出杓子邊緣的多餘生麵糰除去，然後把餅乾球放到烘焙紙上。

❻在一張未塗油的烘焙紙上放上12個圓圓的餅乾球，彼此相距2吋（約2指寬）。烤上18到22分鐘，或直到餅皮變成金黃色。

❼檢查餅乾，確定已經烤好。最好的測試方法就是輕輕按一下餅乾中間。如果感覺硬硬的，並且沒有下陷，那就是烤好了。

❽如果確定已經烤好，就立即用抹刀把它們移到一處陰涼的表面平台上，好好享用，或分送給親朋好友。

冷藏生麵糰餅乾球

如果想冷藏生麵糰餅乾球，以便日後可隨時烘焙，那就把尚未烘焙的生麵糰餅乾球放在烘焙紙上，能放多少就放多少，包上保鮮膜、放進冷凍櫃裡。一旦這些餅乾球冷凍完畢後，把它們收集起來、放進有拉鍊的冷凍袋，再把它們放進冷凍櫃內冷藏。

烘焙巧克力餅乾，既快又容易，讓你馬上就能成爲烘焙高手！

094 送禮

羅蘋·福里曼·史皮茲曼
ROBYN FREEDMAN SPIZMAN

羅蘋·福里曼·史皮茲曼，著有《禮物學：永遠解決你的送禮困擾！》（The GIFTionary: An A-Z Reference Guide for Solving Your Gift-Giving Dilemmas...Forever!）身為最出名的禮物專家，她經常在媒體出現，包括CNN和NBC的「今天」（Today）節目。她廣受歡迎的節目「到此一遊，買買禮物」（Been There, Bought That），每週在NBC的亞特蘭大分台WXIA TV播出，根據她的書所製作的廣播節目，則在喬治亞州亞特蘭大的STAR 94電台播出。

另一半的生日只剩兩天就要到了，可是你卻還完全想不出該送什麼禮物。或者，某個節日到了，該送什麼禮，你也完全沒頭緒。不要怕！不管知不知道該送什麼生日禮物，或是想不出該用什麼樣的禮物來表達浪漫情意，或是不知道怎麼找出合適的禮物，以下會告訴你如何解決這些問題，即使是最挑剔的收禮者，也能找出最合適的禮物去滿足他。

送禮成功的關鍵就在於，讓禮物表現出你個人的特色，並同時突顯出受禮者的品味。一定要考慮到某人獨特的「受禮個性」，以及他（她）眞正重視的是什麼。送禮是需要好好研究的，學學大偵探福爾摩斯吧。觀察接受你禮物的人，注意一些小細節，做點功課，研究以下的問題和建議，增加你的送禮IQ。他（她）是……

- 是否特別喜歡哪種顏色？很好。她喜歡粉紅色。現在，更進一步，告訴她，你愛她。送她粉紅色的甜心玫瑰。
- 她是不是很愛吃甜食？這很容易就可找出答案。她喜歡吃帶點微酸

【想辦法打探對方的喜好吧】

的、新奇的、有嚼勁的，還是無糖的？送上一大盒、一大罐或甚至可以讓她吃上1個月的甜食份量！

- 是否特別喜歡某位作家或某種類型的書？從他的床頭櫃就可以知道答案。在書裡附上一張紙條，稱讚他是個喜愛讀小說的好老爸，以及你從他那兒學到了什麼。
- 是否有收集物件的嗜好？貓王紀念品、紙鎮、銀器、古董？送他這類的禮物，並告訴他，你很珍惜他，他才是你獨一無二的珍藏品。
- 是否有何特殊嗜好？網球、跳舞、釣魚——找一樣屬於他嗜好範圍內、並可以反映出他興趣的禮物。
- 是否特別喜愛哪種花？找出是哪一種花，並且用她的名字命名。說那是屬於你一個人獨享的花。結婚週年紀念時，送給她一束與當年結婚時一模一樣的捧花。如果她喜歡比較持久的花，那就送她蘭花。

接下來：記住，會讓他（她）收到禮物時特別感動的，都是一些小細節和貼心的提醒。想成爲這方面的專家，請遵照以下建議：

❶問個清楚！

我們小時候，大人經常會問我們：「你想要什麼生日禮物？」長大後，我們仍然還會想要什麼禮物，但卻很少有人會問我們。如果你想讓她驚喜一下，你可以在好幾個星期前拿出三樣東西試探她，注意她最喜歡哪一樣。到時候就送上這樣禮物，讓她驚喜一下！

❷記下來

大部分人都會忘記一些和禮物有關係的細節，像是，什麼人喜歡什麼禮物，以及過去幾年來送出過什麼禮物等等。寫下來。在這一年當中，記下受禮者最喜歡的食物、興趣、目前所穿衣服的尺寸，以及各種細節，這可以讓你在重要日子裡送出最合適的禮物。

❸不只是展現自己的品味，更要展現受禮者的品味

很容易就可看出她在時裝、居家裝潢、和其他方面的風格。如果她一直很注重流行風，那麼，你必須做點功課，了解目前流行的是什麼。很多東西都很講究流行——最熱門的色彩、最流行的飾品和配件等等。或者，送一件可以讓對方自由選擇的禮物，例如，一張已經預付現款的購物卡，讓她可以到很多地方購買她想要的東西。附上一張紙條說：「盡情血拼吧，我付錢！」

❹愉快退貨

准許對方拿你的禮物去退貨或更換，這本身就是一件禮物。如果收禮的對方是很好的朋友或是家人，你可以把購買禮物時的收據或發票裝在信封裡，萬一對方想退貨時，可以打開來使用。或者，在購買禮物時，要求店家開一張收據，上面不要寫金額，只塡上購買日期，收禮者萬一想要拿禮物去退貨或更換，就更方便了。

❺送禮時別出心裁

送禮時，來點特別的。把禮物包裝得特別漂亮，或是，在禮物裡面放上另一樣禮物，像是在很漂亮的皮包裡放進一個刻有姓名的鑰匙圈，或是在健身器材的袋子裡再放進一件健身衣。

095 包裝禮物

汪達．溫 Wanda Wen

汪達．溫，「Soolip公司」的合夥創辦人，這是洛杉磯一家銷售精美紙張與文具的專門店。

只要遵照以下指示，任何禮物都會包裝得像是出自專家之手。

❶ 把禮物盒橫向放在包裝紙上。把包裝紙的長邊包在整個禮物盒上，包得鬆一點，預留約2到3吋（5～7.5公分）的空隙。多出的部分剪掉。

❷ 想要測出包裝紙的合適寬度，把盒子底部放在包裝紙寬邊的一邊邊緣。把包裝紙另一邊拉到盒子側邊邊緣。在這兒把紙稍微摺一下。在這條摺線外預留1.5吋（3.8公分）的空間，然後把多餘部分剪掉。

❸ 把禮物盒放在包裝紙中央。在包裝紙的長邊一邊摺起大約1吋（2.5公分），摺出摺痕來。這將可以確定這個禮物盒在所有各邊都有「專業」包裝的味道。拿出雙面膠膠帶，剪下一小段膠帶，盡量貼近摺好的那一邊的邊緣。拿起對面那一邊的包裝紙邊緣，蓋在盒子上、用一隻手按住。現在，拿起已經貼上膠帶、並且已經摺好的那一邊，將它包住盒

【一定要使用雙面膠帶】

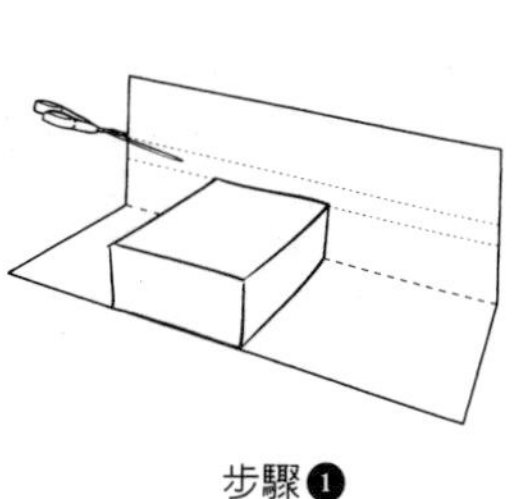

步驟❶

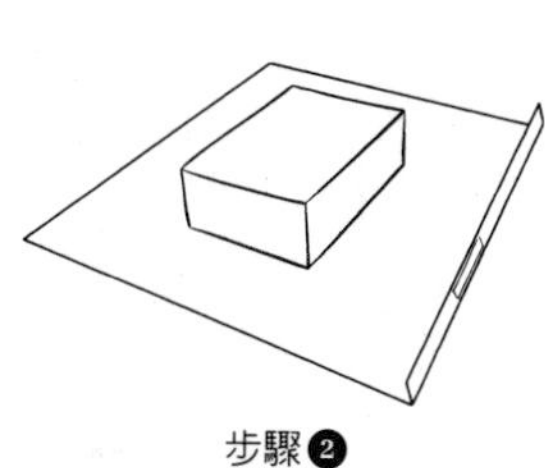

步驟❷

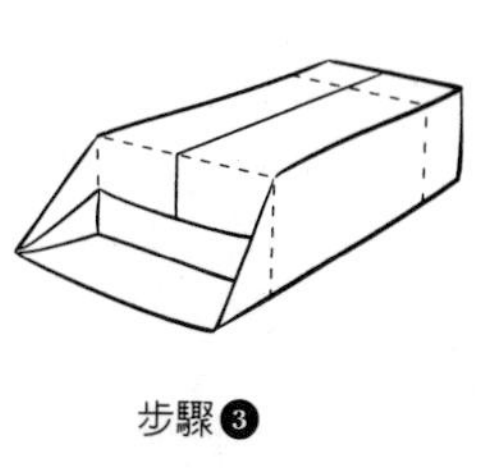

步驟❸

子，確定包裝紙緊貼住盒子的所有各面。壓住有膠帶的那一邊，確定已經黏妥了。

❹現在，盒子在包裝紙與寬同方向的中間，摺好的那一邊則出現在盒子一邊的上面，把包裝紙摺下、貼住上面的邊緣，摺出褶痕。按住摺好的這一邊，沿著盒子的寬邊，一路摺過去，一直摺到角落。

❺拿起包裝紙的兩「面」，把它們摺進去，貼近盒子邊緣，摺出褶痕。在摺出任何褶痕時，包裝紙要緊貼住盒子，如此一來，最後包裝完成後，就不會出現膨鬆的外表。

❻最後的一褶是「底部」，就是貼住桌面的那一面。如果你的禮盒是方盒子，那麼，你的底面應該是完美的三角形，並有一個尖端。在三角形尖端的每一面貼上一段雙面膠，並且黏住盒子的一邊。如果你的禮物盒是長方形，三角形的頂端則是平面的，而不是尖端。因此，在黏上雙面膠前，先向內摺進約1/2吋（1.25公分）。接著，在摺進來的邊緣上貼上雙面膠，並且黏在盒子的一面。

❼在盒子的另一端重複第四到第六步。

【一定要使用雙面膠帶】

步驟❹

步驟❺

步驟❻

❽到這時候，你應該已經擁有一個包裝好的禮物盒，而且表面上看不到膠帶。如果想展現出眞正專家級的包裝味道，用你的拇指和食指滑過你的禮物盒的所有邊緣，一面滑過，一面摺出褶痕來。這將會在已經完成的包裝紙上，創造出「尖銳」的感覺。

❾絲帶：估計一下，要使用多長的絲帶。這些絲帶必須包住盒子的兩面，並要預留要用來打蝴蝶結的長度。關鍵在於讓絲帶在盒子上面交叉成十字形。

❿打一個結。重點：不要太快打成死結。打一個寬鬆的蝴蝶活結，這樣子一來，收到禮物的人不必動用剪刀，就可以把盒子打開。

【放輕鬆，想想令你快樂的事】

096 拍照了，笑一個

凱蒂・福特 KATIE FORD

凱蒂・福特，「福特模特兒公司」（Ford Models, Inc.）執行長。福特模特兒公司是全球知名模特兒公司之一，已經有50多年歷史，在全球180個國家設有分公司，旗下擁有代言各種時裝品牌的眾多模特兒。

在拍照時展露笑容，是拍出精彩好照片最容易的法子。當心裡覺得高興，每個人都會露出燦爛、迷人和充滿情緒的笑容，不管你是不是超級模特兒。其中秘訣就在於，要真誠、不做作。以下將教導你如何微笑，和拍出好照片的一些基本原則。

❶ 呼吸

一開始，一定要讓自己的橫隔膜肌放鬆，並且深呼吸。如果你呼吸困難，樣子一定很難看。很多年輕模特兒一開始拍照就停止呼吸。我們只好開導他們，讓他們明白，呼吸困難、表情就不會好看，當然也拍不出好照片。同樣的道理也適用於你。

❷ 保持心情愉快

微笑和哈哈大笑一樣，都不是能夠假裝的。因此，如果你的心情不愉快，沒有那種感覺，如果你不感到開朗、愉快，拍出來的照片就會顯得很

【放輕鬆，想想令你快樂的事】

不自然。如果你能夠敞開心胸，在心裡想些愉快的事情和輕鬆時刻，拍出來的照片就會讓人覺得你很自在和真誠。

❸放輕鬆

你的臉孔、肩膀和心情都要放輕鬆。如果你臉部的肌肉很緊繃，如果你很擔心自己的牙齒、下巴和鼻子（或任何其他事情），那種擔憂的神情就會出現在你的照片中。

❹信任拍照者

照片是拍照者和被拍者合作的成果。你們雙方必須合作來捕捉照片的真實感覺。如果和你合作的某個人，會讓你對於你們就要拍攝的照片內容，以及你要擺出的姿勢覺得很不舒服，那就不要和這個人合作拍照。

❺哈哈大笑

想拍出好看的笑容照片，最簡單的方法，就是在拍照的時候大笑。聽聽音樂、說說笑話、想想讓你最尷尬的時刻。

❻動作

要在照片中表現出活力，其中一個方法就是做動作。可以試試各種不

【放輕鬆，想想令你快樂的事】

同的動作：跳跳舞、活潑一點。

❼練習

和做任何事情一樣，多練習各種笑容，你將可找出令你覺得最驕傲和舒服的那種笑容。

完美的笑容將能反映出你內心對自己的感覺。我和世界上很多最美麗、最成功的模特兒合作過，並且擔任他們的經紀人，他們都深深了解，迷人的笑容遠比美麗的外表來得重要。微笑、大笑、放輕鬆，以及表現出眞實的一面，都是拍出很棒照片的重要因素。

097 拍照

丹尼爾・卡普 DANIEL A. CARP

丹尼爾・卡普，「柯達公司」（Kodak Company）董事長和執行長。
他是在1997年獲選進入該公司董事會。
2001年，卡普先生獲頒「攝影與影像製造商協會領導獎」。

不管使用膠捲軟片或是數位相機，想拍出精彩好照片的必備基本原則都是一樣的——你需要的，就是一些技術和經驗。

看著被拍照者的眼睛

當你幫某人拍照時，相機要對準對方眼睛的高度，如此才能拍出他的臉部和笑容的神采。這種眼睛高度的拍攝角度，將會創造出一種個人風格的感覺，會把觀眾的注意力吸引到相片裡。

選擇單純的背景

突出你的拍照對象。當你透過相機的觀景窗看出去時，強迫自己觀察被拍照者周遭的區域。

在戶外使用閃光燈

明亮的陽光會在臉上製造出難看的陰影。使用閃光燈可以照亮被拍者

【想像你是個導演】

臉部的這些陰影，讓他們的臉孔變得明亮，也更爲突出。

靠近一點

拍照前，向你要拍攝的人靠近一、二步，這通常是不錯的好點子。你的目標就是讓被拍照者塡滿你的照片範圍。更靠近後，可以拍出更多有趣的細節——像是遍布臉上的雀斑，但也不能靠太近——照片會變得模糊。

不要讓模特兒站在中間

不要把每個被拍照者都安排在你照片的中央。相反的，利用模特兒周遭的背景，讓你的照片增加活力。注意：如果你使用自動對焦相機，要記得把焦點鎖定在被拍照者臉部，因爲大部分自動對焦相機會把焦點對準畫面中央，不管主角是不是在畫面中央！翻翻你的相機使用手冊，了解一下。

對焦鎖定

如果你的拍攝主體不在畫面中央，那麼，你必須啓用「鎖定對焦」功能，才能拍出影像銳利的照片。大部分自動對焦相機都會把焦點對準畫面中央，不管主體是不是在畫面中央。如果你不想拍出模糊的照片，那你就必須把主體放在畫面中央，透過觀景窗對好焦，接著，再重新構圖，讓主體不在畫面中央。這一共要進行3項簡單的步驟：

❶把主體安排在畫面中央，半按快門、按著不放。

❷重新移動相機（手指仍半按住快門不放），讓主體偏離畫面中央。

❸用力按下快門，完成拍照。

知道閃光燈的有效距離

使用閃光燈拍照時，最常犯的錯誤就是在閃光燈的有效距離外拍照片。以大部分相機來說，閃光燈最大的有效距離不到15呎（3公尺）——大約5步之遠。翻翻相機的使用手冊，看看閃光燈的有效距離是多少。如果找不到，那麼，拍照時，和你的模特兒距離不要超過10呎。

注意光線

光線會影響照片中顯現出來的所有一切。如果你拍的是曾祖母，從旁邊照射過來的明亮陽光會強化她臉上的皺紋，但陰天的柔和陽光則可減弱這些皺紋。不喜歡陽光照在你的模特兒臉上？那麼，自己走近她，靠近一點。

拍一些直立照片

很多東西如果出現在直立的畫面裡，會比較好看——靠近懸崖邊的燈塔、你4歲大的女兒在水坑裡跳上跳下等等。試試看，把相機轉個角度拍攝。

自己也是導演

把自己當做導演，控制整個拍攝過程，你將會看到，這樣子拍出來的照片會改善很多。你可以輕聲下達這樣的指令：「好了，各位，大家靠近一點，對著相機、身體向前靠。」我們本來就想讓大家笑得很開懷，不是嗎？

098 學習外國語言

馬克．哈里斯 MARK W. HARRIS

馬克．哈里斯，「貝立茲語言公司」（Berlitz Languages, Inc.）總裁與執行長。該公司是全球最大的語言服務公司，在全球60多個國家開設了500多家語言中心。

❶ 語言，就是用來交談的

99％的語言用途和樂趣，是為了跟人們進行面對面的理念、意見和情感交換。學習某種語言就好像學習某種運動——這是一種技巧，不只是累積知識和沒有活力的事情而已。智慧交流是精通語言的最寶貴驅動力。當你說一種新的語言時，將會感覺到溝通的興奮情緒。

❷ 語言只是溝通的一個層面

不用太擔心講不好新語言，你知道有很多溝通方式可取代語言。使用新語言時，除了說話，你還可以使用微笑、指指點點、比手畫腳、模仿和手勢來加強溝通。這些都可以幫助你溝通訊息，即使你使用得並不完美。多加練習，表現會更好。

❸ 新語言不會有太大的不同

比較一下，看看你的母語和你希望學習的外國語言之間有何相同之

【認識一個母語是那個語言的朋友吧】

處。如果新語言使用羅馬字母，那你等於已學會了一半。大部分語言都有主詞、動詞、受詞、介系詞、形容詞和副詞等等。在最普通的敘述句和問句中學習字詞使用這些，你將可以猜出大部分的意思。

❹認出借用語和同源字

在現代這個大眾溝通與國際旅遊日益普遍的世界裡，借用語已經越來越常見，像「rendezvous」、「parking」、「train」、「beer」、「coffee」、「okay」、「e-mail」和「amor」這些字，全世界各地的都市居民大都可以了解它們的意思，光是這些字就能讓你在學習新語言時，省下不少力氣。同源字，像是從相同的拉丁文字根發展出來的單字——像「ami／amigo／amico」（朋友）、「telephone／telefono／téléphone」（電話），以及「university／universidad／université」（大學）——也都能讓你更容易了解拉丁語系的單字。

❺和朋友交談

去認識一位你所學新語言的新朋友（如果對方不會說你的母語，那更好！）試著找出你們兩人共同的興趣，然後試著用新語言向對方表達你在這些方面的知識和熱情。你會在使用新語言的過程中培養出全新的個性。很好玩。

【認識一個母語是那個語言的朋友吧】

❻每天學新字

每天努力學會新字彙。每天固定時間學習。找一本每天撕一張的日曆，在上面寫上「每天一成語」或「每天一單字」，學會了就撕掉，這可以確保每天都學新字了。隨著你所學新語言的字彙不斷增加，你的信心也會增加。

❼不使用就會忘記

每天找機會使用你的新語言：替某位訪客擔任翻譯員，幫助看來好像迷路的某人，在工作場所或特定地點結交會說你這種新語言的朋友。一旦學會了一種語言，就不致完全忘記，但與其他技巧一樣，想成爲專家，就一定要每天練習，並且努力求進步。

❽造訪你所學語言的國家，住下來！

前往你所學新語言的國家，這會使你的學習動力和語言使用流利程度加倍。當你試著說該國的語言時，大部分人都會覺得受寵若驚——他們會敬重你，也會認爲你很貼心。不要害羞：盡量講，說錯了也沒關係。當地的人會開始接納你，你也可以學習他們的文化，這一切都會讓你的努力學習有代價。

【縮減你的度假想像和眞實需要的差距】

099 計畫旅行

彼得・格林伯 PETER GREENBERG

彼得・格林伯，NBC電視台旅遊頻道首席特派員，和「今天」（Today）節目的旅行編輯。他也是《旅行偵探》（The Travel Detective）一書的作者。

如何策畫一次理想的旅行？這其實相當容易。我們大多數人實際去旅行時，經常都會犯下很多錯誤：計畫得太多、帶了太多行李、期望太多，還有……在旅行時，我們幾乎全都違背了自己平常的生活方式和行爲模式。

想要來一次完美的旅行，就必須先建立這樣的觀念：去哪兒旅行並不重要，重要的是從旅行中獲得生活經驗。

當我們眞的出門旅行時——有些人甚至出國旅行，很容易就會忽略人性，以及我們自己的天性；當我們改變所在地點，其實並不能改變我們的生活方式。當然，我們會很想改變，但辦不到。

計畫旅行時，有多少人會說，我們去旅行時，什麼事也不幹，只想靜靜地待在海灘上？還有多少人會說，他們要去一個沒有人會打擾他們的地方？於是我們照著這些願望來策畫一次旅行。聽起來是很不錯，我們抵達後，確實無事可幹，也沒有人打擾。但這種情況，我們只會維持了1個小時。

【縮減你的度假想像和眞實需要的差距】

不管去哪兒旅行，我們至少還是會希望能夠連上網路、能夠有電視看、能夠知道我們最喜愛的球隊昨晚戰績如何，以及股市到底是漲或跌。我們會想念家裡的種種方便，並且希望在旅行時也有同樣的方便。

在我的書裡，我所謂的完美旅行，指的就是我們已經接受以上這些觀念——並且在離開家門前就決定好如何解決這些問題：

❶我們必須了解自己的眞正需求，以及忍耐限度。我們一天可以在海灘上待上幾個小時，超過後就會覺得不耐煩？

❷必須和旅行社談好所有的旅行細節。所謂海景套房，並不是指得用望遠鏡才能看到海。

❸愼選一年當中的旅遊時間：淡季只是神話。夏天到加勒比海，冬天到南太平洋，這不是騙人的，更高的價錢，就會得到更好的服務。

❹降低你的期望。在外旅行時，要期待觀光業者對待你，就像一般公營事業那般冷淡，萬一不是這樣子，那更能爲你帶來驚喜。在旅行業這個行業裡，可接受的普通旅行和很好的旅行，這兩者之間的區別並不在於可受到什麼樣的服務，而在於當服務發生問題時，對方會如何補救。最好要有心理準備，了解你的第一計畫，也許甚至連第三計畫都不見得會成功。

❺最後要注意的一點是，除非是眞正有實權做出保證的旅行社人員，否則不要太相信他們的承諾。

【打包時衣服捲得越緊越好】

100 收拾行李去旅行

安・麥艾爾平 ANNE MCALPIN

安・麥艾爾平有2本著作，包括《收拾行李：在今天這個世界裡安全與聰明旅行》（Pack It Up: Traveling Safe and Smart in Today's World），最近還推出一系列旅行產品。安的飛機旅行時數已經超過100萬哩；遊歷過65個國家；坐船經過巴拿馬運河98次；並曾在歐普拉脫口秀和CNN電視台，與觀眾分享她的旅行建議。

如果你想出門旅行、擺脫所有負擔，那就不要把負擔也全部帶著一起走。以下這些建議，可以讓你成爲收拾行李的專家。

❶ 檢查清單

列出所有想要帶走的物品清單，收拾好一樣，就畫掉一樣。

❷ 旅行服裝

大多數人之所以會帶太多行李，主要就是因爲帶太多衣服。想要減少衣服數量，秘訣就在於把所帶的衣服限定在2種基本顏色，鞋子、皮帶、和其餘服飾配件也採取同樣原則，這樣子就可以隨意搭配。由於鞋子是最重的物品之一，所以最多只帶3雙。

❸ 不會弄皺衣服的基本打包法

關鍵在於把行李分成兩層。第一層（底層）是最重的物品，第二層

【打包時衣服捲得越緊越好】

（上層）放你的衣服。

第一層（底層）：把行李箱打開來，放在平坦的地方。想讓行李空間增加到最大，鞋子要頭對腳兩隻面對面放置，襪子則塞在鞋子裡。把鞋子放在行李箱的輪子上面（這可以分散重量，並且方便提起行李。）把皮帶沿著行李箱周邊平放，比較重的物品則放在中間。把內衣褲和襪子這些可以擠壓的物品，塞在角落或塞在較重的物品之間。

第二層（上層）：這時，放一塊行李板在這些物品上面。如果沒有這種板子，可以用其他代用品。行李板可以把你這些較重的物品和衣服分開來，讓你可以在一個平面上放置衣服（如此一來，就不會起皺紋）。

一開始，先摺褲子；腰圍部分緊貼住行李箱的左邊，褲管則攤開一直到另一邊。第二件褲子也用相同方法，但從另一個方向開始。暫時讓褲管攤開，垂放在箱子外面。

繼續摺短褲、裙子和套裝，順著它們本來的褶痕放置在行李箱裡，並且採用「交叉放置」方法（仍是從右到右交互放置），一直到所有的褲子、短褲、裙子和套裝全部放置妥當。

接下來，扣好上衣和長袖襯衫的扣子，沿著本來的褶痕，把袖子反摺到襯衫背面。每件衣服都套進乾洗袋裡、一一把它們放進行李箱裡。衣領應該靠在行李箱的頂端；這些物品的底部將延伸到另一頭。

這時，把所有編織物品捲起來（捲得越緊，產生的皺紋越少）。把它們並排放在衣物的最上層。用完行李箱的所有空間後，把褲管拿起來、蓋在行李箱的編織品上，放完一條褲管，再換邊。接著，把外套和裙子的底部摺起來。在行李箱中間放一塊行李板，好處就在於在拿出上層物品時，不會動到下面一層；而在拿出或放進底層的物品時，也不會動到上層的東西。

超級打包妙點子

- 如果你在推帶有輪子的行李箱、或手提行李箱時，覺得很吃力，那你就是裝太多東西了。
- 乾洗袋（塑膠袋）可以讓你很方便取出衣服，不會卡住。
- 盡可能把所有東西都裝進塑膠袋裡。這可以讓所有物品井井有條，萬一物品裡頭有任何破裂，也可以加以保護。
- 整理小孩子的衣物時，把它們全都裝進一個大塑膠袋裡。這可以節省在行李箱裡尋找東西的時間。
- 把女性的鞋子放在男鞋裡（如果可以的話），以節省寶貴的行李箱空間。
- 一定要用鞋袋包住鞋子，避免把泥土帶進行李箱裡。
- 壓縮袋是解決行李箱空間不足問題的答案，因爲你可以在相同的空間裡裝進3倍的行李。由於它們可以封住臭味和濕氣，因此，最適

【打包時衣服捲得越緊越好】

合用來裝濕的泳裝、沾滿汗水的運動服和換下來的髒衣服。

- 不要把家裡的盥洗用品全部帶去。爲了節省空間，只帶一些特別爲出門旅行生產的小型盥洗用品。
- 絕對不要把化妝品裝進你的盥洗用品袋裡，以防有些瓶子會破裂。
- 如果你沒有吹風機就活不下去，那就先打電話給你要住宿的旅館，問問他們是否可以提供一架吹風機供你使用。能夠少帶一樣東西，就少帶一樣！

感謝

用不著說，靠著這100位專家的創意和才能，才能夠完成這本獨一無二的著作。這些專家能夠入選，主要基於他們的成就、才能和極佳的活力，對於他們每一個人貢獻的努力與創意，我極其感激。

另外還有很多支持我及本書的人。對於以下各位，謹獻上最深的謝意：

我的愛人，米契．雅各，和我分享夢想。

我的父親，讓我明白，親切與成就並不相互排斥。從你那兒，我得到很多力量。

我的母親，感謝她永不間斷的愛與無法超越的鼓舞。從一開始，你就讓我深信，我想成爲什麼，都一定會成功。

我的哥哥，提姆，感謝他的寫作功力，還有大嫂，蔻妮，謝謝她幫助我處理雜務。

珍妮佛．約爾，專業代理人，好朋友，也是贊同本書誕生的第一人。

凱蒂．卡羅索斯，感謝她的堅定支持、無與倫比的豐富資源，以及面對任何困境時，皆能含笑以對。

克拉克森．波特團隊：湯米．布拉克、凱撒琳．代特里奇、瑪姫．興德斯、瑪莉莎拉．昆、蘿琳．謝克里、愛迪娜．史代曼，以及坎貝爾．華頓。

特別感謝克里斯・帕渥尼，以專業眼光和驚人智慧編輯此書。

鼓舞我完成此書的多位知心好姊妹：寶拉・龐特斯（她也提供最多點子給本書）、梨娜・艾迪斯、妮姬・艾薩、莉姬・畢伯・珍・柯林斯、貝西・佛古森、愛咪・懷爾史登、蜜雪拉・梨歐帕、嘉莉・雷斯茲，以及黛馮・派克。

史特凡・佛萊得曼，最佳的樣書編輯。

耶誕專題小組，感謝他們精彩的腦力激盪和對最後幾章的貢獻。

還有凱西・羅斯，優秀的插畫家。我們早在出版第一本書時就已經開始合作，那是一本詩集，我們在紐約街頭叫賣，每本售價25美分。

我的啟蒙師：拉里・克斯包、南西・柯恩、莎莉・蘇斯曼，以及露西・渥特曼。感謝他們改變我的一些想法。

還有我敬愛的兩位老奶奶：瑪莎・伊特斯和蜜姬・華德曼。

以及在各方面支持及協助完成本書的所有人：蜜西・鮑兒、夏威夷茂伊島的伯曼斯家族、莉姬・畢伯、肯・布勞、約翰・卡普南、潘蜜拉・伊杜斯、丹・范農、珍妮佛・法諾、珍・佛萊德曼、喬納珊・葛洛伯、倫敦東區的哈伯曼家族、卡列爾・伊莎查・土茲曼、馬霍帕克的雅各家族、托里・詹森、朱達・卡魯斯、茱莉亞・凱，達夫・柯布瑞斯基、拉里・柯夫勒、賈森・里文、若斯・李伯斯茲、宋亞・麥佛森、達西・密勒、亞當・納許、羅伯・歐代爾、彼得・歐伯格、伊利卡・派恩、曼尼・羅賓森、喬丹・洛罕、伊莉莎白・羅森索、羅賓・佛里曼・史匹茲曼、喬迪・林・韋納、賈米・伍爾夫，以及亞當・塞迪爾。

無限感激、愛與無止盡的學習。

珊曼莎

協力

「睡覺」© 2004 by詹姆斯．馬斯（JAMES B. MAAS）•「舖床」© 2004 by洲際酒店集團（InterContinental Hotels Group）•「伏地挺身和仰臥起坐」© 2004 by凱西．史密斯（KATHY SMITH）•「慢跑」© 2004 by葛瑞蒂．懷茲（GRETE WAITZ）•「吃出健康」© 2004 by嬌伊．鮑兒（JOY BAUER）•「炒蛋」© 2004 by吉恩．喬吉斯．馮格里奇登（JEAN-GEORGES VONGERICHTEN）•「煮咖啡」© 2004 by星巴克咖啡公司（Starbucks Coffee Company）•「讀報」© 2004 by亞瑟．沙茲柏格二世（ARTHUR SULZBERGER JR.）•「洗髮」© 2004 by弗瑞德瑞克．費凱（FREDERIC FEKKAI）•「護膚」© 2004 by西德拉．蕭卡特（SIDRA SHAUKAT）•「刮鬍子」© 2004 by蜜莉安．曹伊和艾力克．馬卡（MYRIAM ZAOUI AND ERIC MALKA）•「塗口紅」© 2004 by芭比．布朗（BOBBI BROWN）•「洗手」© 2004 by茱莉．吉柏丁（JULIE GERBERDING）•「擦鞋」© 2004 by薩爾．艾科諾（SAL IACONO）•「打領結」© 2004 by塔克．卡森（TUCKER CARLSON）•「雙活結領帶打法」© 2004 by崔．特南奇（THUY TRANTHI）•「繫上圍巾」© 2004 by妮可．米勒（NICOLE MILLER）•「開手排車」© 2004 by蒂娜．哥登（TINA GORDON）•「時間管理」© 2004 by史蒂芬．柯維（STEPHEN R. COVEY）•「整理」© 2004 by茱莉．摩根斯登（JULIE MORGENSTERN）•「求職面談」© 2004 by托里．詹森（TORY JOHNSON）•「要求加薪或升職」© 2004 by李．米勒（LEE E. MILLER）•「稱讚別人和接受稱讚」© 2004 by瑪莉．米契爾（MARY MITCHELL）•「談判」© 2004 by唐納．川普（DONALD TRUMP）•「握手」© 2004 by蕾蒂蒂亞．巴德里吉（LETITIA BALDRIGE）•「與人交談」(c) 2004 by莫理斯．瑞德（MORRIS L. REID）•「記住別人的姓名」© 2004 by蓋里．史莫（GARY SMALL）•「解讀身體語言」© 2004 by史蒂夫．柯恩（STEVE COHEN）•「聆聽」© 2004 by賴利．金（ Larry King ）•「增加詞彙」© 2004 by理查．黎德勒（RICHARD LEDERER）•「速讀」© 2004 by霍華．史蒂芬．伯格（HOWARD STEPHEN BERG）•「做出明智判斷」© 2004 by史坦利．卡普蘭（STANLEY H. KAPLAN）•「說故事」© 2004 by伊拉．葛拉斯（IRA GLASS）•「背景調查」© 2004 by泰利．蘭茲勒（TERRY LENZNER）•「傳達壞消息」© 2004 by羅伯．巴克曼博士（DR. ROBERT BUCKMAN）•「道歉」© 2004 by畢佛利．安格爾（BEVERLY ENGEL）•「公開演說」© 2004 by詹姆斯．華格史塔菲（JAMES WAGSTAFFE）•「讓支票簿收支平衡」© 2004 by泰利．薩瓦吉（TERRY SAVAGE）•「存錢」© 2004 by蘇西．歐曼（SUZE ORMAN）．「了解你的寵物」© 2004 by華倫．艾克斯坦（WARREN ECKSTEIN）•「照顧室內盆栽」© 2004 by傑克．克拉默（JACK KRAMER）•「災難預防」© 2004 by美國紅十字會（The American National Red Cross）•「剷雪」© 2004 by安東尼．馬西佑市長（MAYOR ANTHONY M. MASIELLO）•「除去衣物污垢」© 2004 by琳達．柯布（LINDA COBB）•「洗衣」© 2004 by荷樂絲股份有限公司（HELOISE INC.）•「燙襯衫」© 2004 by瑪麗．艾琳．平克罕（MARY ELLEN PINKHAM）•「縫鈕子」© 2004 by蘇珊．卡利（SUSAN KHALJE）•「挑選蔬果」© 2004 by彼得．拿坡里塔諾（PETE NAPOLITANO）•「買魚」© 2004 by馬克．比特曼（MARK BITTMAN）•「油漆房間」© 2004 by鮑伯．維拉（BOB VILA）

•「懸掛圖畫、照片」© 2004 by芭芭拉・卡夫維特（BARBARA KAVOVIT）•「寫封私人信函」© 2004 by蘭辛・克倫（LANSING E. CRANE）•「泡茶」© 2004 by莫・席格爾（MO SIEGEL）•「朗誦」© 2004 by柯里・布克（CORY BOOKER）•「放鬆」© 2004 by狄恩・歐尼許（DEAN ORNISH）•「洗車」© 2004 by查爾斯・歐克利（CHARLES OAKLEY）•「換輪胎」© 2004 by拉里・麥雷諾斯（LARRY MCREYNOLDS）•「換機油」© 2004 by萊恩・紐曼（RYAN NEWMAN）•「整理草坪」© 2004 by大衛・梅洛（David Mellor）•「懸掛國旗」© 2004 by惠特尼・史密斯（WHITNEY SMITH）•「花園」© 2004 by莫琳・季摩（MAUREEN GILMER）•「高爾夫球揮桿樂」© 2004 by吉姆・麥連（JIM MCLEAN）•「游泳」© 2004 by桑莫・山德斯（SUMMER SANDERS）•「打網球」© 2004 by珍妮佛・卡普利亞提（JENNIFER CAPRIATI）•「按摩」© 2004 by達特・史坦（DOT STEIN）•「調杯馬丁尼」© 2004 by岱爾・迪葛洛夫（DALE DEGROFF）•「烤肉」© 2004 by巴比・福萊（BOBBY FLAY）•「生營火」© 2004 by吉姆・派松（JIM PAXON）•「說笑話」© 2004 by霍伊・曼德爾（HOWIE MANDEL）•「當一位稱職的主人」© 2004 by南・肯普勒（NAN KEMPNER）•「當個好客人」© 2004 by愛米・艾康（Amy Alkon）•「插花」© 2004 by吉姆・麥肯（JIM McCANN）•「餐桌的正式擺設」© 2004 by波斯特家族公司（THE EMILY POST INSTITUTE, INC.）•「打開葡萄酒的軟木瓶塞」© 2004 by安德魯・懷爾史東（ANDREW FIRESTONE）•「品酒」© 2004 by安東尼・迪亞斯・布魯（ANTHONY DIAS BLUE）•「拿筷子」© 2004 by PF張中國小餐館股份有限公司（PF CHANG'S CHINA BISTRO）•「舉杯祝賀」© 2004 by克隆公司（THE KNOT INC.）•「呼吸」© 2004 by比克拉姆•喬杜里（BIKRAM CHOUDHURY）•「保暖」© 2004 by吉姆・惠塔克（JIM WHITTAKER）•「美姿」© 2004 by珍妮佛・林格（JENIFER RINGER）•「微笑」© 2004 by強納森・李文（JONATHAN LEVINE）•「風情萬種」© 2004 by蘇珊・羅賓（Susan Rabin）•「約會」© 2004 by絕配.com（MATCH.com, L.P.）•「吻」© 2004 by芭芭拉・安吉利斯（BARBARA DE ANGELIS）•「鑽石」© 2004 by哈利・溫斯頓公司（HARRY WINSTON INC.）•「籌備婚禮」© 2004 by馬莎・史都華生活多媒體公司（MARTHA STEWART LIVING OMNIMEDIA）•「換尿布」© 2004 by貝姬與凱斯・迪雷（BECKI AND KEITH DILLEY）•「抱嬰兒」© 2004 by比爾・西爾斯（BILL SEARS）•「搬家」© 2004 by凱西・古德溫（CATHY GOODWIN）•「訓練小狗在家大小便」© 2004 by安德莉亞・亞登（ANDREA ARDEN）•「建立家譜」© 2004 by東尼・布洛夫（TONY BURROUGHS）•「裝飾耶誕樹」© 2004 by嬌安・史黛芬（JOAN STEFFEND）•「烘焙烤巧克力餅乾」© 2004 by黛比・菲爾斯（DEBBI FIELDS）•「送禮」© 2004 by羅蘋・福里曼・史皮茲曼（ROBYN FREEDMAN SPIZMAN）•「包裝禮物」© 2004 by婉達・溫（WANDA WEN）•「拍照了，笑一個」© 2004 by凱蒂・福特（KATIE FORD）•「拍照」© 2004 by柯達公司（KODAK）•「學習外國語言」© 2004 by貝立茲語言中心（BERLITZ LANGUAGES INC.）•「計畫旅行」© 2004 by彼得・格林伯（PETER GREENBERG）•「收拾行李去旅行」© 2004 by安妮・麥艾爾平（ANNE MCALPIN）

專家指南：100件人人都該會的事 Life Net 生活良品020

作　　者　莎曼莎．尹杜斯（Samantha Ettus）
翻　　譯　莊勝雄

總 編 輯　張芳玲
書系主編　張敏慧
美術設計　許志忠
文字校對　簡伊婕
行政編輯　林麗珍

T E L　(02)2880-7556　FAX：(02)2882-1026
E-mail　taiya@morningstar.com.tw
網　　址　http://www.morningstar.com.tw
郵政信箱　台北市郵政53-1291號信箱

THE EXPERTS' GUIDE TO 100 THINGS EVERYONE SHOULD KNOW HOW TO DO
by Samantha Ettus

發 行 人　洪榮勵
發 行 所　太雅出版有限公司
111-67台北市劍潭路13號2樓
行政院新聞局局版台業字第五〇〇四號
印　　製　知文企業(股)公司
台中市工業區30路1號
TEL：(04)2358-1803
總 經 銷　知己圖書股份有限公司
台北分公司 台北市羅斯福路二段95號4樓之3
TEL：(02)2367-2044　FAX：(02)2363-5741
台中分公司 台中市工業區30路1號
TEL：(04)2359-5819　FAX：(04)2359-5493

郵政劃撥　15060393
戶　　名　知己圖書股份有限公司
初　　版　西元2005年10月01日
定　　價　270元
(本書如有破損或缺頁，請寄回本公司發行部更換；或撥讀者服務部專線04-2359-5819#232)

ISBN 986-7456-56-4
Published by TAIYA Publishing Co., Ltd. Printed in Taiwan

國家圖書館出版品預行編目資料

專家指南：100件人人都該會的事／
莎曼莎．尹杜斯(Samantha Ettus)作；莊勝雄翻譯．
——初版．——臺北市：太雅，2005[民94]
面；　公分．(Lift Net生活良品；20)
譯自：The experts' guide to 100 things everyone should know how to do
ISBN 986-7456-56-4(平裝)

1.家政 2.生活指導

420　　94017057